당신에게 문득, 하루가 주어진다면……

하루
여행

2019년 6월 19일 개정2판 1쇄 인쇄
2019년 6월 26일 개정2판 1쇄 발행

지은이 | 이한규, 상컴
펴낸이 | 이종춘
펴낸곳 | ㈜첨단

주소 | 서울시 마포구 양화로 127 (서교동) 첨단빌딩 5층
전화 | 02-338-9151
팩스 | 02-338-9155
인터넷 홈페이지 | www.goldenowl.co.kr
출판등록 | 2000년 2월 15일 제 2000-000035호

본부장 | 홍종훈
편집 | 상想company, 이소현
디자인 | 상想company
교정·교열 | 박재언
일러스트 | 박순옥
전략마케팅 | 구본철, 차정욱, 나진호, 이동후, 강호묵
제작 | 김유석

ISBN 978-89-6030-527-4 13980

BM 황금부엉이는 ㈜첨단의 단행본 출판 브랜드입니다.

• 값은 뒤표지에 있습니다.
• 잘못된 책은 구입하신 서점에서 바꾸어 드립니다.

• 본 책의 정보는 2019년 5월 기준으로 변경이 생길 수 있으므로 문의처나 홈페이지를 참고해 주시기 바랍니다.
  본문에서 소개한 각 여행지의 정보는 해당 장소에서 제공한 리플릿이나 보도자료를 참고하여 인용하였습니다.

–

travel
최신
개정판
2019

하루 여행

당신에게 주는 선물

이한규 · 상컴 지음

BM 황금부엉이

Prologue

문득
떠나고
싶을 때가
있다

시끌벅적한 도시의 궤도에서 벗어나 이름 모를 누군가의 삶에 발을 들여놓고 싶을 때 말이다. 그럴 때면 나는 무턱대고 짐을 꾸렸다. 오랫동안 읽기를 미뤄 온 고전 몇 권과, 이전 여행의 추억이 담긴 노래 몇 곡, 몇 년째 함께해 온 카메라 하나면 준비가 끝났다. 항상 일상에 산적한 해야 할 일은 많았지만, 떠나야 할 이유는 하나로도 충분했다. 나 자신을 낯설게 바라볼 시간을 가질 것. 사실 그건 타인의 삶에 난입해서야만 가능한 일이었다. 나는 항상 여행을 친숙함과 낯섦의 경계를 걷는 것이라고 생각했다. 나는 나의 친숙함을 벗어나고 싶어 했고, 다른 사람의 삶에 관객으로 서고 싶었다. 그것이 내가 꿈꾸던 여행이었다.

아주 먼, 다시는 돌아오지 못할 곳으로 떠나고 싶었던 적이 한두 번이 아니다. 그렇게 콜롬비아 바랑키야에 일 년을 있었고, 프라하와 프라이부르크를 거쳐 다시 부에노스아이레스에서 반년을 살았다. 내가 살았던 도시들은 내가 완벽히 타인이 되는 도시들이었다. 그렇게 타지에 머물 때면, 내가 살았던 공간들에 대한 기억들이 불현듯 떠오르곤 했다. 나의 가장 익숙한 공간들, 나의 유년과, 막 사랑에 빠졌던 이십 대의 기억, 높은 사회의 벽에서 좌절하던 젊음의 그림자들 말이다. 사실, 그 그림자를 비추는 빛은 나 자신의 추억이었다. 나는 먼 곳에 서서야 내게 익숙한 것들을 낯설게 바라보는 방법을 배울 수 있었다.

친숙한 것들이 낯설게 보이는 순간은 정말이지 아름다웠다. 어린 시절 엄마와 오르곤 했던 동네 산의 뒷머리, 초등학생 때 컵라면이 먹고 싶어 누나를 따라갔던 교외의 수영장, 고등학생 시절 나의 새벽과 늦은 밤을 담당했던 천변의 도로와 그녀의 집으로 가는 길 어딘가, 한동안 발걸음했던 동네의 조그만 카페와, 매일 버스를 타고 지나쳤던 오래된 골목들, 내게 가장 낯익은 풍경들은 각자의 이미지와 외침으로, 아우성치며 다가왔다. 그 순간들을 서툰 시선으로 걸었다.

나는 그 걸음 속에서야, 지나왔던 기억들을 낯설게 바라볼 수 있었다. 나는 오늘도 여전히 나 자신의 일상을 헤집는 여행을 하고 있다.

이 책은 우리의 하루에 관한 이야기이다. 다른 이에겐 소중한 일상인 공간이, 누군가에겐 떠나고 싶은 여행지일 수도 있는 것처럼, 우리 모두는 각자의 일상과 이상의 경계에서 살고 있었는지도 모른다. 오래된 일상과 이상 사이에서 길을 잃은 채, 나는 낯선 당신에게 나의 친숙한 하루를 건네고 싶다.

당신에게 문득 하루가 주어진다면,

이한규

Contents

* 소요시간은 네이버 지도/카카오 맵의 편도를 기준으로 합니다.

두 시간, 너에게 가닿는 황홀한 시간

세 시간, 책 한 권을 읽다

네 시간, 당신의 일상에 안부를 묻다

다섯 시간, 시작의 끝, 끝의 시작

Book Point

이 책은 '갑자기 하루가 선물처럼 당신에게 주어진다면?'에서 출발합니다.
그런 하루가 당신에게 주어진다면, 혼자서라도 용기 있게 훌쩍 떠나 자신만의 감성과 추억을 만들고 싶지 않나요? 하지만 막상 떠나려고 보니 어디서부터 준비하고 시작해야 할지 막막했지요? 이 책은 그런 당신에게 도움이 되고자 편도 시간대별로 여행지를 쪼개서 구성해 보았습니다(기준은 서울역). 화려하진 않지만 소박한 일상이 있는 곳, 혼자서 즐겨도 전혀 외롭지 않은 곳들로 말입니다. 물론 둘이 같이 즐겨도 좋답니다. 훌쩍 여행을 떠난다는 것에 주저함이 생긴다면 일단은 책에서 추천하는 가까운 곳부터 여행을 시작해 보세요.

책 속 여행 팁과 QR코드로 여행 준비를 시작하고, 각 장의 도입부에 스스로 여행 코스를 짜보세요. 별도 페이지에 있는 주변 여행지는 당신의 여행을 한층 더 업그레이드시켜 줄 것입니다. 또한, 책의 중간중간에 수록되어 있는 '나만의 여행정보'를 노트로 활용하면 개성 있고 멋진 여행책을 만들 수 있습니다.

자, 이제 떠날 준비가 되었나요?

* 본 여행의 거리는 서울역을 기준으로 하며, 네이버 지도/카카오 맵의 길찾기 시간을 기준으로 잡았습니다.

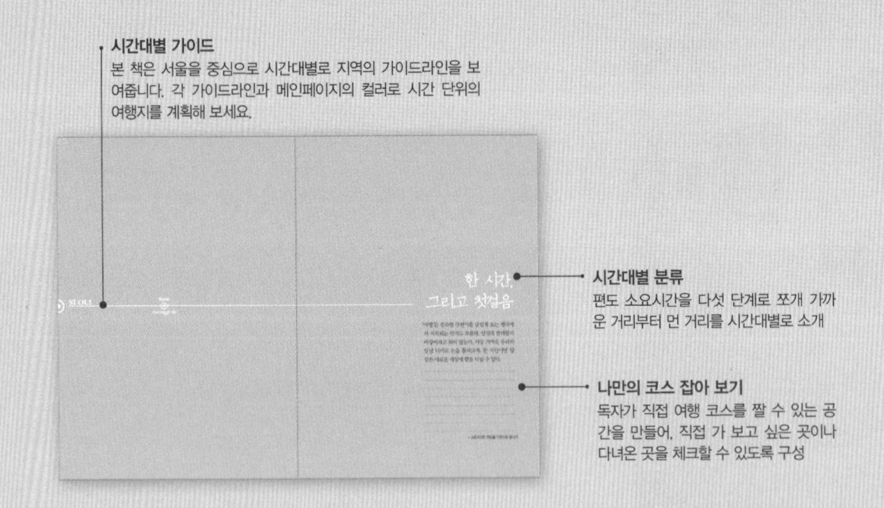

* 본 책의 정보는 2019년 5월 기준으로 변경이 생길 수 있으므로 문의처나 홈페이지를 참고해 주시기 바랍니다.

여행 장소 소개
여행 장소에 대한
특징적인 문구와 여행지명

QR코드
QR코드를 통해
여행장소의 맵(지도) 바로 연결

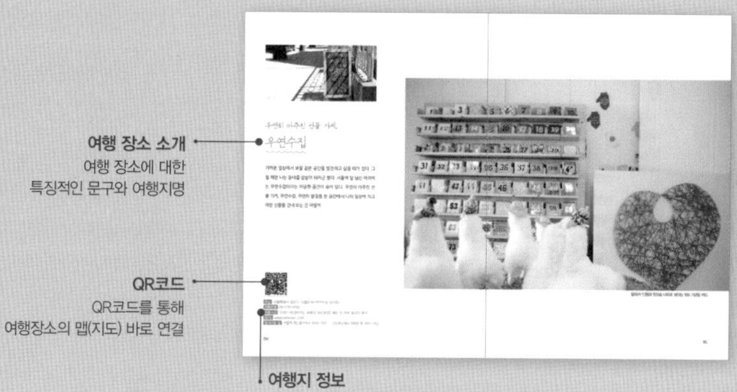

여행지 정보
각 여행지의 주소, 전화번호, 찾아가는 길 외
기본 정보 소개(시기별로 변경이 있으므로 SITE 참조)

나만의 여행정보
각 여행장소마다 나만의 여행정보를
쓸 수 있는 메모를 구성

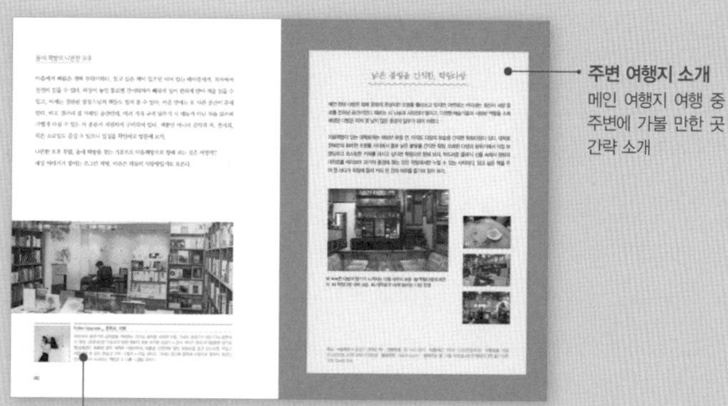

주변 여행지 소개
메인 여행지 여행 중
주변에 가볼 만한 곳
간략 소개

Editor Upgrade
여행을 더욱 알차게 만들 수 있도록
같이 동행하기 좋은 책, 음반, 영화 소개

SEOUL

1hour

Gyeonggi-do

한 시간, 그리고 첫걸음

'여행'은 친숙한 무언가를 낯설게 보는 행위에서 시작되는 건지도 모른다. 일상의 반대말이 이상이라고 하지 않는가. 가장 가까운 우리의 일상 너머로 눈을 돌려 보자. 한 시간이면 당신은 새로운 세상에 발을 디딜 수 있다.

* 소요시간은 편도를 기준으로 합니다.

우연히 마주친 선물 가게,

우연수집

가까운 일상에서 보물 같은 공간을 발견하고 싶을 때가 있다. 그럴 때면 나는 동네를 샅샅이 뒤지곤 했다. 서울역 앞 남산 어귀에는 우연수집이라는 아담한 공간이 숨어 있다. 우연히 마주친 선물 가게, 우연수집. 우연히 만난 발걸음 한 공간에서 나의 일상에 자그마한 선물을 건네 보는 건 어떨까.

주소 서울특별시 용산구 소월로 62(우연수집 남산점)
전화번호 02-778-0759
이용시간 10:00~18:00(점심시간 13:00~14:00) / 주말12:00~18:00
(휴무공지는 인스타그램 참고)
SITE www.wooyoun.com
찾아가는 길 서울역 8번 출구에서 500m 직진 → 남산 육교에서 우회전 후 300m 직진
→ 공중전화 옆 계단으로 내려가면 도착

알파카 인형의 뒷모습 너머로 보이는 100 기념일 카드

우연수집 안쪽의 창가

우연수집, 우연을 수집하는 가게의 시작

서울 남산 아래 후암동에는 소소한 이야기들로 가득한 공간이 하나 있다. 우연수집, 우연과 수집이라는 어울리지 않는 두 단어가 만들어낸 비밀스런 공간에는 누군가의 방에서 가져온 듯한 예쁜 물건들이 가득하다.

우연수집은 한 남자의 집 꾸미기에서 시작되었다. 반복되는 일상에서 권태를 느끼던 남자는 어느 날부터 나무를 사서 커다란 식탁을 만들고, 버려진 자전거 바퀴로 조명을 만들더니, 화장실을 산토리니 풍으로 바꾸어 버렸다. 그가 전셋집을 공들여 꾸미는 과정이 연재된 블로그는 사람들의 이목을 사로잡았고, 이 남자가 만든 작은 소품과 가구들을 따라 만드는 블로거들이 하나둘 늘어갔다. 머지않아 그 남자는 파워블로거가 되었고, 책을 출판한 작가가 되었다.

자신의 이야기를 더 많은 사람들과 나누고 싶었던 남자는 서촌에 자그마한 가게를 열었다. 그로부터 일 년 반이 흐르고, 남자는 남산 아래 이곳에 두 번째 우연을 수집하는 공간을 마련했다. 눈에 보이지도 않고 내 의지와는 상관이 없어야 가치가 생기는 '우연', 그리고 나의 취향이 개입해 보고 싶을 때마다 꺼내어 만질 수 있게 책장 위에 쭉 깔아 놓는 '수집'. 우연수집은 우연수집가가 손수 만든 작품은 물론 우연히 연이 닿은 작가와 디자이너들의 어여쁜 작품들과 전 세계 곳곳에서 수집한 독특한 물건들을 가까이에서 만나볼 수 있는 곳이다. 우연수집 나름의 기준으로, 일상에서 우연히 만나는 것에 의미를 부여해 만들어낸 물건들을 만나볼 수 있다.

우연수집 내부 인테리어

우연수집에서 판매하는 소품들

일상에 우연을 선물하기

우연수집은 인도보다 낮은 곳에 자리해 들어가는 길이 참 소박하다. 담쟁이덩굴이 가득한 벽을 끼고 계단을 내려오면 입구에 다다른다. 가게의 문을 열면 의외로 넓은 공간이 펼쳐진다. 입구 앞에는 페루에서 날아온 알파카 인형들이 웃고 있고, 그 뒤로 커다란 테이블이 두 개 보인다. 평소 우연수집에서 진행되는 작품 수업들이 이루어지는 공간이다.

우연수집의 넓은 공간에는 기둥들이 2열로 자리 잡고 있는데, 기둥들 사이사이로 조그만 소품들이 가득하다. 가운데 있는 두 테이블의 양옆으로는 아티스트들의 작품이 진열되어 있고, 벽에는 우연수집가가 수업을 진행하는 마음 액자가 차례로 걸려 있다.

01 허은정 작가의 북극곰
02 '사장님 벽'의 마음 액자들
03 크리스마스 조명으로 만든 셀프 조명
04 드림캐쳐가 반기는 우연수집 입구

마음 액자들이 가득 걸린 '사장님 벽'은 우연수집가가 간간이 만드는 개인 작품들을 위한 벽이라고 한다. 우연수집가가 직접 수업을 진행하는 마음 액자는 그것과 관련된 생각이나 추억을 상상하면서 만드는 액자로, 사랑의 시작이나 마음의 평안, 아가의 행복과 같은 주제들이 액자에 담겨 있다. 무언가를 염원하는 마음으로 액자를 만들면 실이 엮이듯 마음이 엮여 그 이야기들이 액자에 담긴다고 한다.

04

우연수집가 그리고 우연수집

공간의 주인인 우연수집가는 자신에게 권태를 느낄 때 일상을 예술화한다고 한다. 평범한 것들의 사진을 찍고, 잡지를 오려 나비 액자를 만들고, A4 용지를 잘라내 조명을 만드는 등 그의 일상은 하나의 작품이 된다. 우연수집가는 이런 일상 예술을 통해 어른들을 위한 장난감 가게를 만들고 싶었다고 한다. 바로 그 공간인 우연수집에서 자신과 같은 감성을 지닌 사람들과 작품을 통해 소통을 하고 있는지도 모른다.

우연수집에 있는 작품들은 기존의 편집 숍에서는 찾기 힘든 작품들이 많다. 이곳의 작품들은 우연수집가가 블로그를 통해 직접 찾아내거나 의뢰받은 것들로, 텐바이텐과 같은 대형 편집 숍에서는 판매되지 않는 작품이 다수다. 작가들은 우연수집가와의 협의를 통해 작품을 선별하고 납품하는데, 창의적이면서도 대중적인 작품들로 가득하다. 책갈피, 지팡이, 동물 인형, 트럼펫 카드, 엽서, 마블링 노트, 조명 등 우연수집에 자리한 작품들을 보고 있으면 마치 환상의 세계에 발을 내디딘 기분이 된다.

우연수집 내부 중앙의 수업 테이블

앤돌핀 작가의 마블링 노트

후암동 그리고 남산

우연수집은 일부러 발걸음 하지 않으면 가기 어려운 장소이다. 서울역 앞의 남산공원은 회현역 근처와 달리 사람들의 방문이 뜸하고, 호텔이 밀집해 있어 관광객들만이 발걸음한다. 우연수집에서 나와 오른쪽 언덕으로 오르면 백범광장이 있는 남산공원이다. 사람들이 잘 찾지 않는 이 공원은 성곽 길과 잔디밭이 잘 조성되어 있다. 날씨 좋은 날 이곳에서 일몰을 바라보면 하늘에 선명하게 비친 서울 풍경을 만나게 된다.

공원을 거닐며 일몰을 보다 우연히 내려와 들른 선물 가게 우연수집. 아기자기한 계단과 담쟁이덩굴 너머 펼쳐진 이상한 나라와 같은 공간에서 나의 일상에 이색적인 경험을 하는 것도 좋을 것 같다.

이화 벽화마을 한복판의 꽃 계단

이화 벽화마을로 들어오는 햇살

늦은 가을의 산책,

이화 벽화마을

늦은 가을 햇살이 가장 강렬하게 내리쬐는 대학로의 늦은 오후 3~4시, 평일 연극이 시작되기 전에 대학로 뒤편의 언덕을 오르면 어른 한 명이 겨우 지나다닐 만한 비좁은 골목 마을이 펼쳐진다. 야트막한 동산 위로 보이는 집들은 스산한 기운이 감돌고 풍경은 메마르지만, 골목 곳곳은 노랗고 파란 벽화들로 가득 채워져 있다. 아득한 계단 너머 빽빽이 들어선 판잣집이 가득한 달동네, 이화 벽화마을. 서울에 몇 남지 않은 이화동의 높은 마을이다.

주소 서울특별시 종로구 이화동

찾아가는 길 서울 지하철 4호선 혜화역 2번 출구 → 길 따라 직진 → 마로니에 공원을 끼고 좌회전 → 안내판 따라 직진 → 입구 초입에 '낙산공원, 이화 벽화 마을 입구' 표지판 확인

이화 벽화마을의 봄을 걷다

혜화역 2번 출구를 나와 마로니에 공원 옆으로 꺾어 들어가면 저 멀리 쇳대박물관이 보인다. 혜화역이 위치한 대학로는 다양한 소극장과 박물관 등 문화공간이 가득해 연극, 영화, 뮤지컬 등의 문화 예술 공연이 자주 열린다. 번화한 공원 길 끝자락의 녹슨 철판으로 뒤덮인 쇳대박물관을 지나면 비로소 마을의 초입이다. 길 따라 언덕을 오르면 낙산 공원과 이화 벽화마을의 갈림길에 선다. 드높은 서울의 경치를 감상하고 싶다면 공원으로, 느낌 있는 벽화들을 구경하고 싶다면 마을로 향해 보자.

1910년 일제에 국권을 침탈당한 유민들은 낙산 기슭으로 몰려와 토막집을 지었는데, 한국전쟁 이후 수많은 난민들이 그곳에 정착하여 판잣집을 짓기 시작하면서 본격적으로 마을이 형성되었다. 이화마을도 다른 달동네처럼 세월의 때가 묻은 달동네에 불과했는데, 2006년 문화부 주도로 진행된 공공미술 프로젝트 이후 사뭇 분위기가 달라졌다. 70여 명의 화가가 참가해 동네를 벽화로 치장했고, 낙산 공원 산책로를 따라 다양한 조각이 들어섰으며, 낡은 담벼락엔 색색이 꽃이 피어났다. 비로소 이화 벽화마을의 봄이 열린 것이었다.

봄빛 웃음을 선사하는 이화 벽화마을

벽화마을이 으레 그러하듯 둘러보는 방법이 따로 있는 것은 아니지만 이화 벽화마을의 다양한 벽화 중 꼭 언급하고 넘어가야 할 벽화들이 있다. 바로 마을 한복판에 있는 꽃 계단인데, 멀리서 보면 색색이 꽃이 만개해 흘러내려 오는 듯한 모습이 펼쳐진다. 〈1박 2일〉의 이승기가 꽃이 되면서 더욱 유명해진 벽화는 무채색의 계단에 따뜻한 봄을 선사한다. 그리고 방문객의 대부분이 꽃 계단과 함께 찍어가는 인사하는 로봇 thom's 또한 벽화마을의 마스코트 중 하나다. 서로에게 다정히 인사할 여유조차 없는 우리에게 로봇 thom's의 인사 "안녕!"은 더욱 인간적으로 느껴진다. 마을을 구성하는 벽화들은 다른 벽화마을의 그것들과 다르지 않지만, 서울 안 우리의 일상 속에 자리 잡은 이화 벽화마을은 나름의 매력으로 다가온다.

벽화들을 따라 언덕 어귀를 올라가면 낙산의 낡은 성곽 길 너머로 창신동이 펼쳐져 있다. 창신동 또한 높은 언덕배기 위로 쪽방촌을 형성하고 있는데, 그 모습이 마치 이화 벽화마을을 바라보는 듯하다. 꺾이는 계단들이 아슬아슬하게 길을 낸 골목들을 따라 이화마을을 내려가면 저 언덕 아래로 우리네 사는 모습이 벽 사이로 깃들어 있다. 대학로의 늦은 연극을 기다리다 지쳤을 때 높은 이화 벽화마을에 올라 보자. 예쁜 벽화를 무심히 쳐다보면서 걷다 보면, 골목 곳곳에서 숨겨진 삶의 따사로움을 느낄 수 있을 것이다.

01 이화 벽화마을에서 보이는 서울 풍경
02 이화 벽화마을로 올라가는 빨간 벽돌 길
03 벽화로 예쁘게 단장한 집
04 이화 벽화마을 곳곳에 그려져 있는 벽화

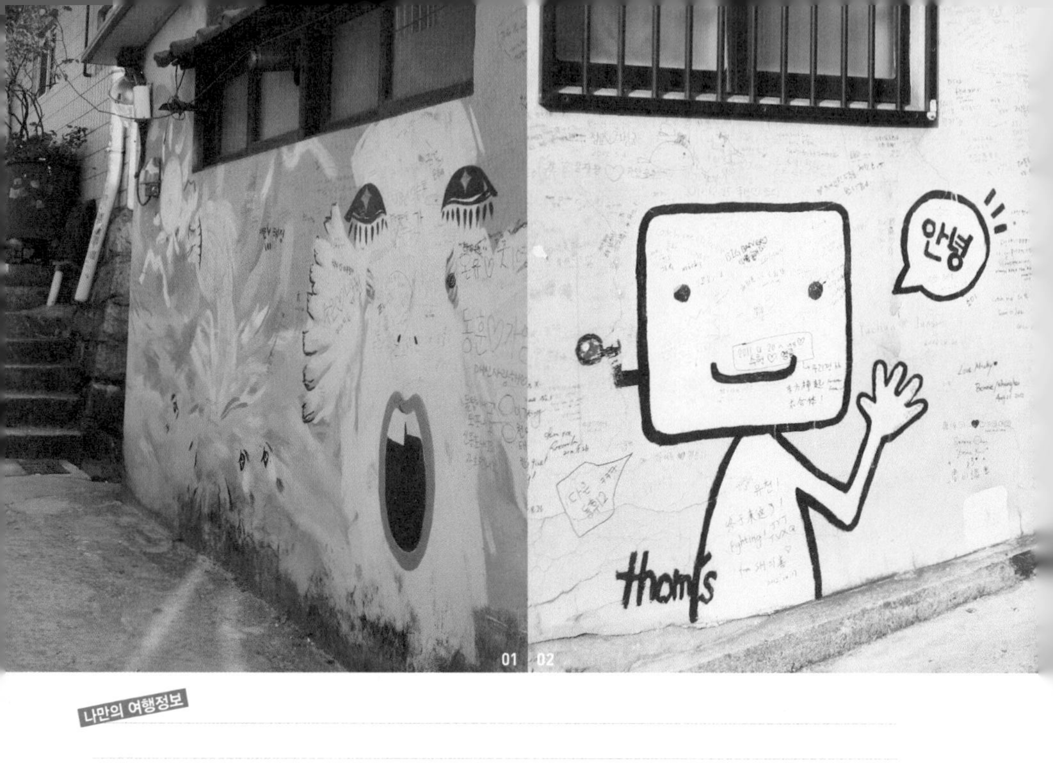

01 02

나만의 여행정보

03

벽 너머 또 다른 풍경 속

모두가 알다시피, 벽화마을은 다른 누군가의 삶의 터전이다. 타인의 일상을 여행하는 데에는 어느 정도의 배려가 필요하다. 여행지의 풍경에 매료되어 자칫 다른 사람의 삶의 영역을 침범하는 행동은 삼가도록 하자.

아름답게 펼쳐진 벽 너머에는 또 다른 우리의 삶이 있다.

01 높은 언덕을 오르는 길목의 벽화
02 인사하는 로봇 thom's
03 벽화마을 초입, 쇳대박물관 옆에 그려져 있는 고양이 벽화
04 이화 벽화마을과 낙산 공원을 잇는 차도
05 성곽 길 너머에 펼쳐진 창신동 풍경

Editor Upgrade _ 내 마음의 무늬, 오정희

한국 여성이 빚어낼 수 있는 가장 슬프면서도 가장 아름다운 언어의 비창, 오정희. 그녀의 소설을 읽어 본 사람이라면 누구나 고개를 끄덕일 수 있는 표현이 아닐까 싶다. 박완서와 함께 한국 최고의 여성 소설가로 군림해 온 그녀, 《내 마음의 무늬》는 소설가이자 두 아이의 엄마로서, 문학과 생활 사이에서 눈물겹게 투쟁해 온 작가 오정희의 인간미가 담긴 산문집이다. 낡은 마을을 헤집고 다니며 자신의 사생활을 솔직하게 내보이는 그녀의 속내 또한 살짝 들여다보자.

부암동에 닿은 커피의 향,

클럽 에스프레소

부암동의 산기슭 너머 언덕에 발을 디디면, 넓은 평지 위에 3층짜리 커피상점 하나가 자리 잡고 있다. 드높은 하늘만큼이나 높은 언덕 위에서 홀로 나긋나긋한 커피 향을 풍기는 이곳은 부암동의 커피 명가, 클럽 에스프레소이다. 한적하고 고요한 부암동의 골목 어귀에서 홀로 분주한 커피집, 카페보다 커피상점이라는 말이 더욱 와 닿는 클럽 에스프레소에서 커피 한 잔의 여유를 느껴 보는 건 어떨까?

주소 서울특별시 종로구 창의문로 132
전화번호 02-764-8719
이용시간 09:00~22:00
이용요금 에스프레소 5,000원, 카페라떼 6,000원, 드립 커피 6,000원
SITE clubespresso.co.kr
찾아가는 길 서울 지하철 3호선 경복궁역 3번 출구, 5호선 광화문역 3번 출구 → 1020번, 7022번, 7212번 버스로 환승 → 부암동 주민센터 정류장 하차

고요한 부암동 골목의 산뜻한 커피상점, 클럽 에스프레소

01

02

01 클럽 에스프레소 내부 모습
02 2층의 원두 보관 창고
03 무료 시음 코너
04 다양한 종류의 원두
05 클럽 에스프레소의 아메리카노

스페셜티 커피전문점, 클럽 에스프레소

클럽 에스프레소의 시작은 1990년으로 거슬러 올라간다. 당시 스물셋의 마은식 대표가 대학로에 차렸던 스페셜티 커피점은 국내에 생소한 스페셜티 커피라는 개념을 도입해 화제를 일으켰는데, 그 이후 2001년 한적한 부암동으로 이사하게 되었다. 자유로운 환경에서 스스로 무언가를 만들어내고 싶었다는 그의 말처럼 어느새 클럽 에스프레소는 부암동의 유명한 커피상점으로 자리 잡고 있다.

카페도 커피전문점도 아닌 커피상점인 클럽 에스프레소는 다양한 산지에서 수입한 커피콩을 직접 로스팅해 판매한다. 클럽 에스프레소는 3층 건물을 모두 사용하면서 직원 쉼터와 커피 공장에 대부분의 공간을 배정하고, 카페 이용객에게는 달랑 1층 한구석만을 내주고 있다. 꼭 필요하지 않은 서비스는 줄이는 대신 그 에너지를 커피의 질을 높이는 데 집중하겠다는 대표의 의지가 반영된 것이다.

클럽 에스프레소에서 즐기는 커피 한 잔

한적한 부암동을 거닐다 클럽 에스프레소의 문을 열어젖히면 향긋한 커피 향이 코끝에 와닿는다. 커피 공장을 연상시키는 내부에는 햇볕이 내려앉고 갈색 목재의 결은 빛을 받아 더욱 따뜻한 분위기를 풍긴다. 클럽 에스프레소에 들어서면 커피를 종류별로 진열한 커다란 바가 보인다. 길쭉한 바 위로 갖가지 산지에서 생산된 커피들이 나열되어 있는데, 일주일에 세 번 로스팅한 커피인 만큼 신선한 풍미를 잔뜩 느낄 수 있다.

바 옆으로는 커피 관련 제품들과 소품들이 진열되어 있다. 이곳에서는 생산지별로 진열되어 있는 원두부터 생두와 커피 관련 제품들까지 다양하게 구매 가능하다. 진열되어 있는 제품을 구경하다 2층으로 올라가면 판매하고 있는 원두들을 직접 로스팅하는 공간을 볼 수 있는데, 구경하는 재미가 쏠쏠하니 꼭 올라가 보자. 원두 구매 고객을 위한 시음 코너에서는 매주 다섯 가지의 로스터 추천 커피를 시음해 볼 수 있다. 각각의 커피는 생산지별로 미묘하게 맛이 달라 색다른 커피 향을 즐길 수 있다. 하지만 온도 차이가 항상 일정하게 유지되는 것은 아니기 때문에 직접 구매해 먹는 맛과 시음하는 맛에 조금의 차이는 있다. 그래도 커피를 시음할 수 있도록 준비되어 있으니 커피를 잘 모르는 사람도 도전해 볼 만하다.

01 클럽 에스프레소의 내부 모습
02 향을 맡아 볼 수 있는 원두
03 보관 창고의 원두들

01

다섯 가지 커피를 시음해 보고 가장 입에 맞는 커피를 주문해 보자. 1층 한구석에 있는 40여 개의 의자 중 아무 데나 골라 앉고 통창으로 들어오는 햇살을 맞으며 마시는 커피는 참 다디달다. 어둠이 내려앉을 무렵의 클럽 에스프레소는 더욱 아름답다. 건물 전체가 목재로 되어 있어선지 따뜻한 분위기를 연출하는데, 전구의 조명이 목재를 비추는 밤이면 더욱 아늑한 분위기에서 커피를 마실 수 있다. 사람이 많을 때는 다소 시끄럽기는 하나, 소박하면서도 정겨운 분위기가 실내에 감돈다. 다른 모든 카페가 그렇듯 클럽 에스프레소도 평일 오전부터 점심 즈음이 가장 한적한데, 이때 널찍한 홀에 홀로 앉아 공간을 가득 메운 시금씁쓸한 커피 향에 맘껏 취할 수 있다.

갑자기 생긴 하루의 평일 오전에 커피 한 잔의 여유를 즐기고 싶을 때, 부암동 길 따라 드립 커피의 성지, 클럽 에스프레소를 찾아보는 것은 어떨까?

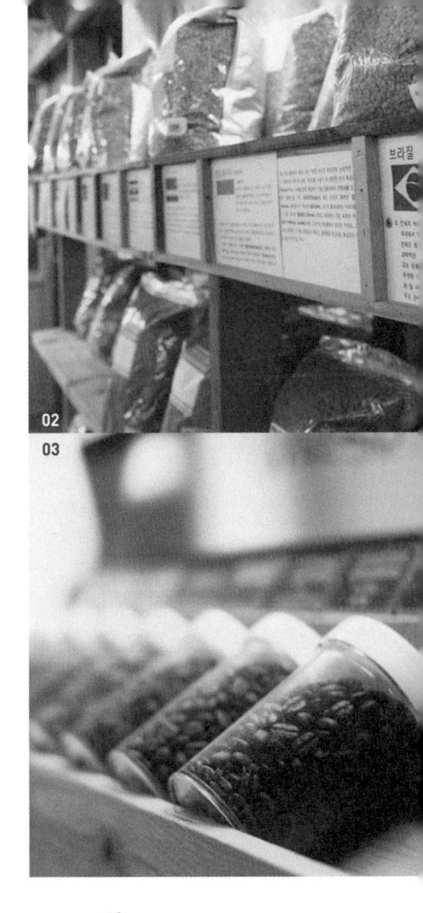

02
03

나만의 여행정보

Editor Upgrade _ 커피프린스 1호점 OST

2007년 남장 여자 연기 변신으로 화제를 모았던 윤은혜와 하얀거탑의 히로인 이선균 그리고 공유의 만남으로 커다란 화제를 불러일으켰던 드라마, 〈커피프린스 1호점〉은 남자 행세를 하는 24살의 여자 주인공과 정략결혼을 피하고자 동성애자인 척하는 남자 주인공의 일터에서 벌어지는 사랑 이야기를 그리고 있다. 커피프린스 1호점의 OST 앨범은 기존 대중가요에서 흔히 찾아볼 수 없는 새로운 장르의 음악을 선보이고 있다. 음악감독 '티어라이너'와 한국 일렉트로닉 음악의 자존심 '캐스커', 상큼 발랄한 멜로디의 '허밍어반스테레오'와 보컬리스트 '요조'의 음악을 들으며 커피프린스 1호점의 배경이 되었던 부암동을 하루여행의 장소로 찾아보는 것은 어떨까. 클럽 에스프레소에서 조금만 언덕길을 오르면 커피프린스 1호점 촬영 세트장이 있으니 그곳도 꼭 들러 보자.

물결무늬의 서울시청 신청사 앞에 위치한 옛 시청사, 서울도서관

서울의 대표 도서관,

서울도서관

가만히 돌이켜 생각해 보면, 자신에게 가장 잘 어울리는 여행지는 의외로 우리 주변에 있을지도 모른다. 멀고도 먼 타지를 향해 떠나거나, 낯선 도시에서의 하루를 기대하며 발걸음을 떼는 괜한 수고를 할 필요가 없는 것이다. 조금만 주위를 돌아보면 바로 우리 자신의 일상, 그 너머에 우리가 상상하지도 못했던 공간이 숨어 있는 경우가 많다. 서울의 대표 도서관인 서울도서관은 그 이상을 충족시키고도 남는, 우리 바로 옆에 있는 공간이다.

주소 서울특별시 중구 세종대로 110
전화번호 02-120, 2133-0300, 0301
이용시간 화~금 09:00~21:00, 주말 09:00~18:00 (월요일/공휴일 휴관)
SITE lib.seoul.go.kr
찾아가는 길 서울 지하철 1호선 시청역 5번 출구

역사의 한 페이지를 넘기다

흔히 우리는 역사의 한 페이지를 넘긴다고 하는데, 2012년 가을에 역사의 한 페이지를 넘긴 곳이 있다. 바로 2012년 10월 26일, 서울의 대표 도서관을 표방하며 개관한 서울도서관이 그곳이다. 서울도서관은 서울의 대표 도서관을 표방하며 옛 서울시청사에 자리 잡았다. 이 건물은 1926년 일제강점기에 지어졌는데, 86년 만에 서울도서관이라는 이름으로 새로운 역사를 열게 되었다.

시청역 5번 출구로 나오면 거대한 파도 형태의 건물이 보인다. 전면 유리로 만들어져 내부가 보이는 이 건물은 새로 완공한 서울시청사로, 그 바로 앞에는 예스러운 양식의 서울도서관이 자리 잡고 있다. 광장을 옆으로 끼고 서울도서관에 들어서면 낡은 갈색의 나무 문이 우리를 맞이한다. 이 문은 1926년 서울시청사 건립 당시 제작되었던 문으로 역사가 무려 90여 년이 넘었다. 서울도서관은 2003년 서울특별시 등록 문화재 52호로 지정되었다. 그래서 건물의 많은 부분이 훼손되지 않은 채 새로이 문을 열게 되었다. 건물의 외벽, 탑과 홀, 계단은 원형 그대로 보존하고 나머지는 해체했다가 다시 제작되었다. 정문을 열고 들어서면 전구의 불빛을 받아 밝게 빛나는 돌계단이 보인다. 86년 전 원형의 모습을 그대로 간직하고 있는 계단을 얼마나 많은 사람이 딛고 오르락내리락 했는지, 이처럼 서울도서관은 변하지 않은 것과 변한 것이 조화를 이루고 있다.

01 마치 물결이 흐르듯 줄지어 있는 서가의 책들
02 1층과 2층이 이어져 있는 서가

02

서울 안 42만 권의 장서를 담은 서울도서관

서울도서관은 서울시가 직접 만들고 운영하는 최초의 직영 도서관으로 무려 4년 여의 리모델링 기간을 거쳐 새로 단장했다. 건물은 지상 5층, 지하 4층으로 이루어져 있는데 현재는 42만 권의 장서를 보유하고 있다. 일반자료실에서는 최근 2년 동안 발간된 책이나 시민들이 자주 찾는 책 위주로 열람할 수 있고, 그 외의 책은 지하 3 · 4층 서고에서 찾아볼 수 있다.

서울도서관에서 장서가 가장 많은 공간은 27만 권을 보유한 일반자료실 1과 2이다. 정문을 열고 들어서 계단 옆으로 빠지면 일반자료실 1이 나오고, 돌계단으로 올라가거나 자료실 내에서 내부 계단을 이용해 일반자료실 2로 이동할 수 있다. 서울도서관에서 가장 멋지고 아름다운 공간 또한 일반자료실인데, 자료실 1과 2가 연결된 내부 계단 측면엔 2층 높이의 서가가 있어 벽 한 면을 책으로 가득 채우고 있다. 사람의 키가 닿지 않는 2층의 서가에 배치된 책들을 보고 있노라면, 책에 압도당한다는 말이 이해가 될 것이다. 서울도서관의 서가는 벽면을 빙 둘러 있는데, 이 벽면 서가에는 비밀이 하나 있다. 바로 이중으로 책장을 설치해 더 많은 책을 꽂을 수 있고, 채광과 소음도 조절할 수 있다는 점이다. 답답한 마음에 책장을 옆으로 밀면, 창밖으로 언뜻언뜻 보이는 풍경이 마음을 시원하게 만들기도 한다.

서울도서관의 1층엔 일반자료실 1 외에도 기획전시실, 장애인자료실이 있다. 서울도서관은 그 어느 도서관보다도 장애인을 위한 시설이 잘 갖춰져 있는데, 점자 책 또한 다양하게 구비되어 있다. 일반자료실 1 내부 계단을 통해 2층에 올라가면 북카페에서(이용시간 : 09:30~17:30) 대출증을 발급받을 수 있다. 서울도서관을 더 구경하고 싶다면, 3층의 서울자료실과 기록문화관을 구경하거나 시청으로 사용되던 당시 그대로 복원된 시장실을 둘러봐도 좋을 것이다. 4층의 세계열람실에선 각 외국대사관에서 기증한 책들을 볼 수 있고, 5층의 전시관에선 시청사로 쓰이던 당시의 물건들을 보며 옛 시청의 흔적을 만나볼 수도 있다.

나만의 여행정보

2층 일반자료실

과거와 미래가 공존하는 서울도서관

서울도서관은 가장 쉽게 접근할 수 있는 문화재이다. 과거를 보려면 박물관에 가고, 미래를 보려면 도서관에 가라는 말이 있는데, 서울도서관은 과거와 미래를 동시에 경험할 수 있는 유일한 공간일 것이다. 도서관 자체가 서울 광장을 마주하고 있어 소란한 구조에 주말이면 이용객이 많아 번잡한 편이지만 서울의 중심에 앉아 책을 읽으며 한가로운 오후를 보내는 사치도 좋은 경험일 것이다.

서울도서관 5층에는 하늘뜰이라는 옥상 정원과, 행복한 베이커리 카페가 있다. 대부분의 사람들은 잘 발걸음을 하지 않는데, 5층에 올라서면 한쪽으로는 서울 광장 너머로 N서울타워가 보이고, 반대편으로는 넓은 광화문 광장과 경복궁을 볼 수 있다. 도서관에서 마음에 드는 책을 몇 권 빌려서 옥상으로 향해 보는 것은 어떨까. 착한 가격의 아메리카노를 한 잔 시켜놓고 바라보는 서울 풍경은 일상의 분주함을 한결 덜어내 줄 것이다.

Editor Upgrade _ 도서관 산책자, 강예린 · 이치훈

두 인문학적 건축가가 특색 있는 동네 도서관에서 놀기 위해 만났다. 건축가 강예린과 이치훈은 재미있는 동네 도서관들을 하나씩 찾아나선다. 도서관 곳곳을 직접 방문하고 구석구석 산책하면서 도서관의 다양한 매력들을 하나씩 짚어 읽어낸다. 책과 도서관에 관한 깊이 있는 산책 그리고 즐거운 도서관에 관한 이야기들을 읽으며 서울도서관에 방문해 보는 것은 어떨까. 사실 가장 매력적인 도서관은 당신의 동네 도서관일지도 모른다.

사이길 초입에 설치되어 있는 표지판

쟁이들의 공간이 모여 있는 곳,

사이길

서래초등학교 앞 버스 정류장에 내려 육교를 건너 조금 걸어 내려오면 '42방배사이길'이라는 표시가 있는 작은 공터가 있다. 한적한 이면도로 너머에 무엇이 있을까 호기심이 피어나는 곳, 가끔 길거리 공연도 열려 주민들의 귀를 호강시켜주는 곳, 사이길로 들어서면 골목골목마다 묻어 있는 추억과 즐거움을 만날 수 있다.

주소 서울특별시 서초구 방배로 42길
이용시간 각 공간마다 운영시간이 다르므로 사전 연락 필수
찾아가는 길 서울역 버스환승센터 5 정류장까지 약 629m 걷기 → 406(서울역 버스환승센터 5) 승차 후 → 삼호아파트 정류장에서 하차 길을 건너 함지박 사거리 방면으로 150m 걸으면 도착 (또는 다음 정류장인 가야 메디컬 센터 정류장에서 하차 길 건너 골목길 진입)

나만의 특별한 날을 찾아 길을 나서다

길은 언제나 사람의 마음을 설레게 한다. 이 좁은 골목에는 무엇이 있을까? 이곳은 무엇을 하는 곳일까? 여기로 들어가면 어떤 사람을 만날 수 있을까? 사람들은 조금씩 다르고 뭔가 나만이 할 수 있는 것을 찾아 골목을 거닌다.

나만의 여행정보

한적한 사이길은 이런 생각이 들게 하는 곳이다. 너무 급하지 않고, 천천히 자신만의 작업을 하며 서로의 마음을 나눌 수 있는 곳.

그래서인지 이곳에는 작가들의 작업실, 공방 그리고 갤러리가 많이 들어서 있다. 예쁜 소품과 핸드메이드 상품, 특색 있는 디자인 상품, 앤틱 숍들이 가던 길을 멈추게 한다.

오래된 간판과 작가들의 작업실이 어색한 듯 조화롭게 이루어진 골목길이 색다른 느낌을 주고, 문 안쪽에서는 수업을 받고 있는 수강생들의 모습도 보인다. 사이길은 하루를 여유롭게 산책하듯 걸으며 즐기기에 좋은 곳이다.

배워보고 싶었던 것, 직접 만들어 보관하고 싶은 것들, 처음 접하는 특이한 아이템까지 나만의 특별한 날을 만들기에 손색이 없다.

처음엔 하루여행을 왔지만, 다음에 직접 배우기 위해 다시 찾는 사람들도 많다. 혼자 또는 여럿이 특별한 시간을 만들기 위해 사이길로 가 보는 건 어떨까.

01 사이길 중간에 멋지게 들어서 있는 나만의 향수를 만들 수 있는 향수 공방 & 갤러리 외관 모습 **02** 커뮤니티 플랫폼으로 작가들의 원데이 수업 및 다양한 작품, 소품을 판매하는 MUYBOX 외관 **03** 계단을 오르면 멋진 전시장이 있는 갤러리 빈치의 입구 모습 **04,05** 쥬얼리회화전 (Art Jewelry Beauty & Healing inspired by Nature)으로 작품이 전시되어 있는 갤러리빈치의 전경 **06** 복합아트를 작업할 수 있는 LARA LAND의 작업실 외관 **07** 아동부터 성인까지 다양한 일반인들이 작업하고 있는 LARA LAND의 내부 모습 **08** 부라더미싱에서 운영하는 핸드메이드 문화공간 소잉 팩토리 **09** 망치 의자가 이색적인 김규 목공예가의 개인 작업실, 수강 문의도 가능 **10** 공간 한쪽에 놓여 있는 작품들

01 차도 마실 수 있고 작업을 할 수도 있는 CERAWORK의 내부 전경 **02** 체험을 할 수 있게 구비되어 있는 도구들

나만의 핸드페인팅 도자기를 가질 수 있는곳, CERAWORK

사이길 초입에 '방배목장'과 CERAWORK라는 간판이 나란히 붙어 있는 곳이 있다. 처음에 '여기는 뭘 하는 곳일까?' 하고 궁금해서 들어서게 되는데 따뜻한 커피를 마실 수 아늑한 공간과 안쪽 벽면에 하얀 세라믹이 놓여 있는 것을 볼 수 있다. 이곳은 도자기를 배우고 싶은 사람들을 위한 공간으로, 처음에는 세라믹클라스&워크라는 이름의 사이길 공방으로 오픈했으나, 현재는 카페와 더불어 일반인들이 쉽게 접할 수 있는 체험 공간으로 운영되고 있다.

좋은 사람들과 함께 커피를 마시며 담소를 나누는 것도 좋고 하얀 잔이나 접시에 그림을 그려 나만의 도자기를 만드는 것도 특별한 경험이 될 수 있다. 직접 손으로 그린 아름다운 커피잔을 소중한 사람에게 전하면 이보다 더 좋은 선물이 있을까? 즉흥적인 체험도 가능하지만 혹시 수업이 있을지도 모르니 미리 예약 문의를 하는 것이 좋다.

주소 서울특별시 서초구 방배로 42길 11 **전화번호** 02-796-4498 **이용시간** 평일 09:00~21:30/주말 10:00~21:30
이용요금 머그컵 25,000원 외 기타 문의 **SITE** http://blog.naver.com/ceraworkstudio

고급스러움이 묻어나는 가죽 공방, 알라맹

프랑스어로 '손으로 만드는 모든 것'이라는 의미를 가진 알라맹(A La Main). 바느질을 배우다 결국 가죽 바느질로 정착하게 되었다는 작가가 동생과 함께 운영하는 공방이다.

아기자기한 화분이 입구에서부터 반기는 곳. 안으로 들어가면 다양한 가죽 가방과 소품을 만날 수 있다. 더 안쪽으로 들어가면 작가의 작업 공간과 다양한 가죽들이 공방 분위기를 더해 준다. 알라맹은 원데이 수업도 진행하고 있는데 정규반으로 배우려는 수강생들이 더 많다고 한다.

세상에 하나밖에 없는 나만의 가죽제품을 만들어 소장하거나 사용하고 싶은 매력에 푹 빠진 사람들이 꾸준히 찾고 있는 곳이다.

주소 서울특별시 서초구 방배로 42길 20 **전화번호** 070-8832-7735 **이용시간** 평일 09:00~18:00(일요일 휴무)
이용요금 별도 문의 **SITE** www.instagram.com/alamain.atelier / https://blog.naver.com/jimy0003

03 작업 및 상담을 할 수 있는 멋스러운 작업대가 놓여 있는 내부 **04** 작가의 정성 가득한 손길이 느껴지는 앤틱한 알라맹의 외관

은은하고 따뜻한 베이지 컬러 플라워 숍, BEIGEBUD

BEIGEBUD는 따뜻하고 은은한 베이지 컬러를 좋아하는 작가가 본인의 감성이 묻어나는 닉네임 BEIGE와 '꽃봉오리'라는 의미를 가진 BUD를 합성해서 만들었다. 디자이너였던 작가는 회사 재직 시절 스트레스를 풀려고 다양한 취미를 가지다가 플라워 클래스를 통해 힐링하는 경험을 하게 되었다고 한다. 이후 전문가 과정을 통해 강사가 되었고, 숍은 개인 작업실 겸 레슨실로 운영하고 있다. 베이지버드 플라워 스튜디오& 숍은 일반 플라워 숍과는 달리 플라워 작업을 통해 힐링이 되기 바라는 작가의 바람이 담겨 있다. 이를 위해 주로 클래스 위주로 운영을 한다. 따라서 방문을 원하면 사전 연락이 필수다. 꽃 주문 또한 오더메이드를 통한 주문 제작이기 때문에 원하는 스타일, 컬러감 등 사전 상담을 하게 된다. 꽃시장에서 맞춤 구매를 해오기 때문에 일반 플라워 숍처럼 당일에 꽃을 구매하러 오는 손님은 꽃이 한정적일 수 있기에, 미리 오더를 주거나 연락을 하고 방문하는 것을 추천한다.

01 베이지톤의 엘레강스한 분위기가 아름다운 BEIGEBUD의 내부
02 한쪽에 놓인 꽃들과 장식품

주소 서울특별시 서초구 방배로 42길 24, 1층 **전화번호** 010-8745-8087 **이용시간** 외부 강연 및 수업이 있을 수 있으니 사전 연락 필수 **이용방법** 꽃 주문 : 3~4일 전에 상담과 예약을 받는 오더메이드 방식 / 클래스 : 원데이클래스, 취미클래스, 기초클래스, 전문가 과정 등 취미생활 및 플로리스트 과정 **SITE** www.instagram.com/beige_bud

순수하게 그림을 그릴 수 있는 공간, '그리는 곳'

미국에서 학교를 졸업한 후 작업할 공간을 모색하던 중에 방배동 사이길을 눈여겨보게 된 작가는 혼자 작업하는 것보다는 주변에 있는 작가들과 함께 만들어가는 공간이라는 점이 마음에 들었다고 한다. 그림을 그리는 곳이라는 의미를 담은 한글 상호를 고민하다 '그리는 곳'이라는 직선적 표현을 작업 공간의 이름으로 사용하게 되었다. 어려운 그림이 아니라 순수하게 우리 집에 걸어 둘 나만의 특별한 인테리어 소품을 그리자는 의미를 담고 있다. 힐링을 위해 이곳을 찾는 사람들은 순수한 마음으로 접근하는 그림 그리기 덕분에 더욱 더 힐링이 되는 마음 넉넉한 공간이다. 그런 곳인 만큼 수업은 소수로 진행된다. 유화와 아크릴화를 주로 하는데 수업료에 재료비가 모두 포함되어 있기 때문에 마음 편히 몸만 와서 그림이라는 취미를 만들 수 있다.

주소 서울특별시 서초구 방배로 42길 24 1층 **전화번호** 010-3848-0674 **이용시간** 월 | 10:30~18:30 / 화, 수, 목 | 10:30~21:00(식사시간 12:30~14:00) / 금, 토 | 14:00~18:30 **이용방법** 전화 또는 인스타그램 메시지로 예약 **SITE** www.instagram.com/the_artspace / blog.naver.com/spaceforart

03 작품들로 가득한 내부 전경
04 개개인이 작업하기 편하게 놓인 작업대와 도구들
05 수강생들의 작품과 소품들
06 하얀 컬러가 멋스러운 그리는 곳 외관

아름다운 꽃 그림이 반기는 곳, 화이 스튜디오

'꽃으로써 너를 그리고, 나를 표현하는 그림을 그리는 곳'이라는 의미의 화이 스튜디오. 중국어 어순으로는 '이화 화이'가 되어야 하지만 그 의미를 오롯이 담고 있다. 동양화 전공을 하다 디자인 일을 잠시 하고, 아이들에게 미술도 가르쳤지만 마음속에 항상 작가의 꿈이 남아 작년에 사이길에 자리를 잡았다고 한다. 꽃을 소재로 동양화 채색화 작업을 하는 개인 아틀리에 공간 화이는 작가가 작업을 하기도 하기만, 통창으로 된 쇼윈도에 작품을 전시하여 오가는 사람들과 소통하는 작가만의 갤러리 역할도 하고 있다.

최근에는 작품을 프린트해서 스카프, 손수건, 쿠션, 코스터 등을 제작 판매하기도 했다. 아직 아이가 어려 스튜디오 오픈이 불규칙하지만 좀 더 시간이 흐르면 채색화 클래스도 해볼 계획이다. 한적한 휴식을 위해 사이길 공간을 방문했을 때 스튜디오 문이 열려 있다면, 언제든지 들어와 작품 감상을 해도 좋다고 한다. 또 하나, 사이길에 더욱 많은 예술가들과 개성 있는 숍이 생겨 사이길만의 감성이 더욱 빛이 나길 바란다는 작가의 바람을 전한다.

주소 서울특별시 서초구 방배로 42길 45 **전화번호** 010-6297-5207 **이용시간** 평일 11:30~15:00 **이용방법** 문이 열려 있을 때는 언제나, 그 외에는 예약 문의 **인스타그램** https://www.instagram.com/hwaiystudio/

01 작가의 소품과 작품들로 디스플레이 되어 있는 쇼윈도 모습 **02** 전시에 소개됐던 작품과 작업대

03 블루와 화이트가 고급스럽게 매치되어 있는 외관 04 다양한 모자와 소품이 전시되어 있는 내부

푸른 하늘과 바다, 그리고 하얀 눈을 담은 Arctique

프랑스어로 '북극'이라는 뜻을 가진 Arctique는 푸른 하늘과 바다 그리고 하얀 눈을 담은 북극의 오로라로부터 영감을 받았다. Arctique만의 컬러와 텍스처로 평범하고 단순한 일상을 변화시키고자 하는 의미를 가지고 숍을 운영하고 있다. 백화점 팝업스토어의 단발적 소통을 경험하면서 지속적인 소통의 필요성을 느끼게 되었고, 그런 마음이 소소하고 담백한 사이길에 정착한 계기가 되었다. 현재 핸드메이드 텍스타일 브랜드 'Arctique'의 모자 등 다양한 제품과 핸드메이드 쥬얼리 디자이너 제품들을 함께 판매한다. Arctique는 니팅 기계나 직조기, 미싱 등 텍스타일 제작 설비를 갖추고 있기 때문에 수공예품들의 매력을 잘 살릴 수 있는 제품을 만들 수 있고, 의뢰에 맞는 제품을 커스텀해 제작해 줄 수도 있다.

주소 서울특별시 서초구 방배로 42길 28 **전화번호** 070-8809-0732 **이용시간** 매일 11:00~19:00(일요일 휴무) **인스타그램** https://www.instagram.com/arctiquestudio/

01 사이길 초입에 있는 핸드메이드 가죽 가방 숍 jina in NY의 쇼윈도 **02** 아기자기하게 나란히 놓여 있는 jina in NY, 방배목장 그리고 CERAWORK의 외부 모습 **03** 수입 원단을 활용한 나만의 패브릭 맞춤 숍 아임디자인 매장 **04** 멋지고 아기자기한 수입 인테리어 소품이 가득한 SEGMENT **05** 디자이너 브랜드 말백(MALBEC)의 오프라인 매장 **06. 07** 일본의 빈티지 옷과 미국에서 직접 가져온 앤틱 소품, 가구를 판매하는 월스타일

나만의 여행정보

공방들과 어우러진 스타일리시한 숍들의 거리

100m 남짓한 짧은 거리를 이루고 있는 방배동 사이길은 작가들의 공방과 갤러리만으로 이루어진 거리는 아니다. 아기자기한 작가의 개성이 가득한 공방들의 쇼윈도 틈틈이 스타일리시한 숍들이 눈에 들어온다.

고풍스러운 앤틱 제품뿐만 아니라, 다양한 핸드메이드 제품, 디자이너 브랜드, 유명 브랜드의 제품을 골고루 갖춘 인테리어 편집 숍 등이 있어 사이길 공간의 재미를 더해 준다. 단 사이길은 주말에는 쉬는 공방이 많기 때문에 공방만을 보기 위해 찾아온 주말 방문은 아쉬움을 남길 수 있다.

조용하고 한적한 사이길에서 여유로운 문화를 만끽하며 나만의 휴식을 가져 보자.

추억이 묻어나는 골목의 일상,
홍제동 개미마을

그녀가 내 옆에 다소곳이 앉아 낡은 책을 펼쳐 든다. 오후 3시의 볕이 책의 단락 사이에 깃든다. 우리는 07번 서대문 마을버스를 타고 높은 언덕을 오르는 길이다. 버스는 집들이 다닥다닥 붙어 있는 개미마을의 초입에 우리를 떨군다. 일상 속에 스며든 따스한 온기가 그립다면 추억까지 덤으로 얻는 또 다른 일상 속 홍제동 개미마을로 떠나 보자.

주소 서울특별시 서대문구 세검정로 4길 100-58
찾아가는 길 서울 지하철 3호선 홍제역 1번 출구 → 버스 정류장까지 약 38m 걷기 → 버스 정류장에서 07번 서대문 마을버스 승차 → 개미마을 정류장 하차

정상 정류장 바로 아래에 있는 구멍가게

반세기의 세월이 묻어 있는 달동네

서울 서대문구 홍제동에는 반세기의 세월이 묻어 있는 달동네가 있다. 주민들이 열심히 일하는 모습이 개미를 닮았다고 하여 개미마을이라는 이름이 붙여진 마을인데, 홍제동 너머 인왕산 기슭에 자리 잡은 높디높은 달동네다. 개미마을은 서울에 몇 남지 않은 달동네 가운데 하나로 200여 가구가 옹기종기 모여 살고 있다. 개미마을은 넉넉하지 못한 달동네다. 마을 입구에 들어서면 곧 쓰러질 것 같은 슬레이트 지붕을 인 집들이 옹기종기 붙어 있는데, 대부분 50년 이상 된 집들이다. 산 중턱에 자리 잡은 아슬아슬한 집도 두엇 보이고, 바위 사이로 골목이 구불구불 나 있기도 하다.

옹색한 언덕 마을에 벽화가 그려진 것은 그리 오래된 일이 아니다. 2009년 9월 미술을 전공한 대학생 100여 명이 찾아와 그림을 그리기 시작했는데, 금호건설과 서대문구가 추진한 '빛 그린 어울림 마을' 프로젝트의 일환이었다. 건국대, 상명대, 성균관대 등의 미술 전공 학생들이 참여해 '가족', '환영', '자연 친화', '영화 같은 인생', '끝 그리고 시작' 등 다섯 가지 주제로 마을 곳곳에 51가지 그림을 그렸다. 낡은 마을 담벼락에는 여기저기 희망이 그려졌고, 덕분에 따뜻한 풍경이 가득 펼쳐졌다.

01 소박한 가정집에 그려진 강아지 벽화
02 아기자기한 마을버스 정류장 표지판
03 마을을 오르는 07번 서대문 마을버스
04 집과 하나가 된 벽화 풍경
05 마을 정상에서 바라본 마을 풍경

01

그들의 일상과 나의 이상의 만남

마을로 향하는 길은 가파르다. 언덕 아래에서 10여 분 버스를 타고 올라가면 인왕산 등산로 출입구가 있는 마을 정상에 다다른다. 마을 정상에서 바라본 개미마을의 풍경은 여느 달동네와 다름없다. 빽빽이 차 있는 집들 사이로 고양이가 뛰어다니고, 그 언덕 어딘가엔 할머니 두세 분이 앉아서 수다를 떨고 계신다. 동네 어귀엔 카메라를 멘 관광객이 몇 모여 대문 사진을 찍고 있고, 그 집 너머엔 동네 주민이 빨래를 내건다. 개미마을은 일상과 이상의 경계선에 있다. 카메라를 들고 동네로 올라오는 사람들은 대부분 옛것을 추억하거나, 개미마을의 벽화를 통해 이상을 꿈꾸려는 사람들이다. 하지만 개미마을 사람들에게 마을은 그저 일상일 뿐이다. 관광객이 카메라에 담는 빨래는 그들이 어제 입고 세탁기에 돌린 옷이요, 관광객이 카메라로 찍는 대문은 그들이 매일 드나드는 문짝에 불과하다. 개미마을에서 사진을 찍을 요량이라면, 내가 찍으려는 이 풍경이 누군가의 일상을 침범하는 것은 아닐까 한 번쯤 생각을 되돌아보는 것도 좋을 것이다.

개미마을의 시작은 한마루 길이다. 마을 한가운데를 가로지르며 나 있는 큰길을 따라 올라가다 보면 곳곳에 벽화가 숨겨져 있다. 한마루 길 위로 펼쳐져 있는 개미마을을 구경하는 방법이 따로 있지는 않다. 여기저기 나 있는 골목을 들어가 보는 것이 가장 좋은 방법이다. 골목은 얽히고설켜 있어 시작과 끝이 분간이 안 간다. 그저 마음 가는 대로 여기저기 골목을 헤매고 볼 일이다.

골목 사이를 감상하다 보면 경계를 알 수 없는 슬레이트 지붕들이 펼쳐진다. 분명 여러 집인데 위에서 보면 커다란 슬레이트 지붕 하나가 몇 집의 하늘을 대신하고 있다. 지붕 사이로는 어미 고양이와 새끼 고양이가 뛰어놀고, 그 언저리엔 빨래가 바람에 나부낀다. 잘 왔다고 인사하는 것마냥 두 손을 흔드는 빨래 아래로 할머니가 뒷짐을 지고 계단을 올라간다. 개미마을의 골목은 그들의 일상에 나의 이상을 묻는 듯하다.

01 벽화가 그려진 오밀조밀한 골목 풍경
02 개미마을의 햇살에 녹아든 새빨간 오토바이
03 마을 여기저기에 핀 해바라기 벽화

언덕 너머 일상 속 개미마을

개미마을이 워낙 높고 험난해서인지, 10분의 짧은 언덕길에 정류장이 두엇 있다. 그중 정상 정류장 바로 아래에 있는 구멍가게 정류장에서 내리면, 30년의 세월이 묻어 있는 구멍가게를 볼 수 있다. 마른 목을 축이고 과자를 한 봉지 사서 먹는다. '경사가 심하니 손잡이를 꼭 잡고 차가 정차한 후에 일어나 주시기 바랍니다'라는 마을버스의 스피커에서 나오는 소리를 들으면서 험한 언덕길을 내려온다.

헤어진 연인에게 지나간 인사를 건네는 기분이었다. 왜 이제야 찾아왔느냐며 눈을 흘기는 그녀의 미소엔 그간의 세월의 무게가 두텁게 얹혀 있었다. 그래 너도 행복하게 살고 있구나 하고 마을에 손을 건네고 싶었다. 문득, 타인의 일상이 그리워질 때는 무작정 개미마을로 향해 보자.

나만의 여행정보

01 무지개색 물감으로 그려 넣은 버스 정류장 표지판
02 파란 물감을 뿌린 듯한 벽화
03 홍제동 개미마을에 핀 해바라기

Editor Upgrade _ Life, Mint Project

민트페이퍼의 세 번째 기획 앨범 〈Life〉. 생활의 낯익은 풍경과 소소한 일상을 아름답게 스케치한 앨범이다. 10cm와 데이브레이크, 오지은과 좋아서 하는 밴드 등 홍대 씬이 주목하고 있는 다수의 아티스트가 참여했다. 수록곡으로는 가을방학의 '취미는 사랑', 데이브레이크의 '팝콘' 등이 있는데, 삶의 위로와 배려를 담은 16곡의 앨범을 듣는다면, 높은 홍제동의 언덕 또한 가볍게 느껴질 것이다.

빽빽한 은행나무가 펼쳐져 있는 항동철길

철길 따라 걷기,

항동철길

괜스레 혼자 걸으며 생각을 정리하고 싶을 때가 있다. 특별한 것을 구경하기보다는 조용히 마음을 정리하고 싶을 때 말이다. 나는 그때면 항상 철길로 향하곤 했다. 서울 도심 한복판, 오류동 부근엔 7km의 녹슨 철로가 있다. 지하철 1호선 오류동역에서 부천자연생태공원까지 이어진 항동철길이 내가 항상 향하던 그곳이다.

주소 서울특별시 구로구 오리로 1189
찾아가는 길 서울 지하철 7호선 천왕역 2번 출구 → 약 423m 직진 → 지구촌 학교(사거리부터 항동철길 시작)

메마른 풍경 사이의 항동철길

항동철길은 1959년에 KG케미컬의 운송선으로 준공되었다. 지금은 군사 물자 수송이나 군사훈련을 위해 야간에 사용되거나, 드물게 화물열차가 운행되고 있다. 철길은 주변에 논과 밭 그리고 조그만 아파트 단지와 어우러져 있어 도시와 시골의 경계 사이의 애매한 풍경을 만들어낸다. KTX가 서울과 부산을 2시간 30분 만에 오가는 현재, 아련한 기억 한 자락을 붙잡는 녹슨 철길. 과거와 현재 그리고 미래가 공존하는 항동철길로 향해 보자.

01 철길 옆으로 나란히 걸려 있는 빨래집게들
02 철길 앞의 녹슨 철길 차단기
03 야트막한 산 사이로 나 있는 긴 철길

01

02

나만의 여행정보

끝없이 이어지는 철길 풍경

소실점을 향해 치닫는 철길 풍경

서울 지하철 7호선 천왕역 2번 출구로 나오면 어딘지 모르게 시골과 도회지의 경계선에 선 듯한 느낌이 든다. 저 멀리 아파트 단지가 보이고, 역사 주변엔 공터만 드넓게 펼쳐져 있다. 10여 분을 걸어 사거리에 닿으면 건너편에 녹슨 철길 차단기가 보이는데, 그 앞에서 왼쪽 오류동으로 향해 보자. 동네 사람 여럿이 일상처럼 오가는 철로와 나란히 놓인 그 길은 여느 동네의 골목 풍경과 다르지 않다. 철길 오른쪽으로는 아파트가 단지를 이루고 있고 왼쪽으로는 밋밋한 빌라가 가득하다. 그 사이로 철길이 앞을 향해 쭉 뻗어 있다.

철길 위로 계속 걷다 보면 또 다른 차단기를 만나게 되는데, 여기서부터는 철길의 풍경들이 사뭇 달라진다. 아파트 단지 너머의 야산은 나지막한 높이로 철길을 감싸 안는데, 여름이면 야산에 녹음이 가득해서 동네 주민들이 산책하는 길목을 만들어준다. 이름 모를 잡초와 강아지풀이 철길 사이사이 가득한, 야트막한 산을 넘는 길은 그리 길지 않다. 짧은 길목을 지나면 마치 시골의 어느 간이역에 선 듯한 기분이 든다. 쓸쓸한 바람이 동산을 간질이고, 산 너머에 만개한 꽃들이 철길로 제 향내를 실어 나르는 짙어가는 가을 풍경 또한 아름답다.

철길 변 주택의 빨랫줄에 널린 빨래들

숲을 지나면 산자락 너머의 빈터가 눈길을 사로잡는다. 저 멀리 일렬종대로 선 은행나무에는 노란 잎이 무성하고, 그 건너편엔 수목원과 저수지가 자리 잡아 목가적인 풍경을 만들어낸다. 아직 개발의 손길이 닿지 않아서일까, 서울이면서 전혀 서울 같지 않은 풍경. 철길은 끝없이 앞을 향해 펼쳐져 보이지 않는 소실점을 향해 치닫는다.

쭉 뻗은 기찻길을 걸어가면, 끝자락에 수목원이 위치해 있다. 서울시 최초로 조성된 시립 수목원은 생태의 섬이라는 역할에 걸맞게 푸른 녹음으로 둘러싸여 있다. 귓가에 이어폰을 꽂은 채 운동화 끈 질끈 묶고, 동네 슈퍼에서 과자 한 봉지 사서 길을 떠나자. 서울이면서 서울 같지 않은 그곳에서 잠시나마 온전히 자신을 내려놓을 수 있을 것이다.

Editor Upgrade _ 철도원, 아사다 지로

여덟 편의 단편으로 이루어진 소설가 아사다 지로의 단편집으로, 1997년 나오키상을 수상했던 《철도원》은 곧 폐쇄될 처지에 놓여 있는 산골 간이역을 배경으로 한다. 주인공인 오토마츠 역장은 한평생 묵묵히 역을 지켜오다가 다가오는 봄, 낡은 기차와 함께 퇴직을 맞는다. 눈보라가 몰아치는 정월 초하루 밤, 데운 정종과 눈보라 속 어린 여자아이의 환영, 퍼붓는 눈발을 비추는 기차의 불빛까지. 철도원은 좀처럼 잊기 어려운 이미지들을 마음속에 잔뜩 심어 놓는다. 오래된 철길을 걸으며 마지막 역장의 이야기를 들어 보는 것도 좋겠다.

이상한 나라로 들어가는 특별한 입구

먼지 쌓인 헌책들의 이야기,

이상한 나라의 헌책방

나는 어렸을 적부터 헌책방에 로망이 있었다. 누군가의 눈길이 머물렀던 책은 빳빳한 새 책보다도 매혹적이었고, 그런 헌책방은 고즈넉한 멋이 있었다. 서울 은평구 응암동에 이상한 헌책방이 하나 있다. 자신이 읽은 책만 판다는 30대 청년이 운영하는 헌책방. 예스러운 책들이 아기자기한 이야기들과 공존하는 그의 이상한 나라로 향해 보자. 혹시 아는가, 토끼 한 마리가 파도처럼 찰랑이는 먼지들과 춤을 추고 있을지.

주소 서울특별시 은평구 서오릉로 18
전화번호 070-7698-8903
이용시간 15:00~23:00(매주 일, 월, 화요일 휴무)
SITE 2sangbook.com
찾아가는 길 서울 지하철 6호선 역촌역 하차 → 역촌역 3, 4번 출구에서 은평구청 사거리 방향으로 300m 이동

01 02

헌책이 귀한 대접을 받는 이상한 나라

서울 은평구 응암동에는 '이상한 나라의 헌책방'이라는 신비로운 헌책방이 있다. 역촌역 3 또는 4번 출구로 나와 5분을 걸으면, 2층에 아기자기한 헌책방의 간판이 보인다. 헌책방은 입구부터가 예사롭지 않다. 문을 열면 여러 권의 책들이 하늘에 매달려 손님을 반긴다. 책을 구름 삼아 2층으로 올라가면 아늑하고 아기자기한 공간이 펼쳐져 있다. 입구 오른쪽엔 루이스 캐럴의 이상한 나라의 앨리스 관련 책들이 가득하고, 서재에 따라 장르별 책들이 구분되어 있다. 은은한 조명이 내려앉은 책들은 따뜻한 손길이 닿은 듯 가지런히 꽂혀 있다. 헌책이 귀한 대접을 받고 있는 이상한 나라다.

책방엔 다양한 책이 가득한데, 대부분 철학, 사회학 관련 도서이고, 소설은 러시아와 유럽 작품들이 주를 이룬다. 4,500여 권의 장서는 이곳의 주인인 윤성근 씨가 이미 읽어 내려간 책들이다. 그는 성격이 소심해 읽지 않은 책에 대해 고객들과 대화를 나눌 수가 없어 그 많은 책을 다 읽은 다음에야 사람들에게 권해 줄 용기가 생긴다고 한다.

사실 헌책방의 주인은 박원순 서울시장의 서재를 꾸민 인물로 유명하다. 처음 직장 생활은 컴퓨터 전공을 살려 IT 관련 일을 했으나, 책이 좋아 회사를 그만두고 헌책방을 차렸다. 언론에 기사가 실릴 때면 대기업에서 나와 헌책방을 차린 이상한 인물로 주목받곤 하는데, 사실 그는 그저 책이 좋았던 것뿐이다. 헌책방의 이름인 이상한 나라의 헌책방은 루이스 캐럴의 동명 소설에서 따왔다. 어렸을 적 태백 탄광촌에 살았던 그에게 이상한 나라의 앨리스는 새로운 세상으로 가는 입구였다고 한다. 그가 대학생 때부터 모은 루이스 캐럴에 관련된 자료들, 우표, 레코드판, 스티커, 이상한 나라의 앨리스 서적들은 지금 당당히 헌책방 한편을 차지하고 있다.

01 헌책방 내부 풍경
02 주인 윤성근 대표가 아끼는 책들
03 무인 카페와 책을 구입할 수 있는 매대

01 헌책방 한가운데 위치한 6인용 책상
02 천 원에 이용할 수 있는 무인 카페 설명서
03 책방 한편에 있는 책을 읽을 수 있는 자리
04 이상한 나라의 헌책방에서 가장 비싼 책 중 한 권인 파스칼의 책

복합 문화공간, 이상한 나라의 헌책방

헌책방에 들어서면 읽고 싶은 책 한 권을 골라 잡고, 무턱대고 읽어 보자. 이상한 나라의 헌책방은 다른 어느 공간보다 앉을 수 있는 자리가 넉넉하다. 마음껏 책을 읽다 가라는 주인장의 마음 씀씀이다. 그렇게 한두 권 책을 쌓아 놓고 읽다 마음에 드는 책이 있으면 구입하면 된다. 가격은 책 뒤편에 조그마한 글씨로 적혀 있다.

헌책방이면서 북카페 같기도 한 이곳에서는 유기농 허브차와 주인장이 직접 내려주는 커피 등을 천 원에 판매한다. 그리고 가끔 심야 책방을 열기도 한다. 심야 책방이 열리는 날에는 다양한 공연과 프로그램이 진행된다.

이상한 나라의 헌책방은 온종일 머물며 음료를 마시고 책을 읽어도 어색하지 않은 공간이다. 번잡한 시내가 아닌 동네에 있어서 그런지 한가한 시간대가 많은 편이고, 손님 대부분이 대여섯 개의 테이블에 앉아 책을 읽는다. 헌책방의 주인은 이상한 나라의 헌책방이 퇴근하다가 잠깐 들러서 책 보고 갈 수 있는 공간, 책 보고 싶을 때 화장도 안 하고 올 수 있는 그런 공간이길 바란다고 한다.

문득 이상한 나라로 숨어들고 싶을 때 이상한 나라의 헌책방으로 가자. 아늑한 공간에 앉아 티백으로 우려낸 녹차를 홀짝이며 헌책의 향연에 빠져 보자. 눅눅한 먼지를 헤치고 반듯한 활자에 닿는 순간 이상한 나라가 펼쳐질 것이다.

Editor Upgrade _ 이상한 나라의 앨리스, 루이스 캐럴

원더랜드를 꿈꿨던 수학자 루이스 캐럴은 청명한 어느 오후, 세 명의 꼬마 숙녀와 뱃놀이를 하고 있었다. 물결 위로 비추는 빛의 조각들 사이로 꿈처럼 몽롱한 시간을 보내던 세 명의 아이들은 그에게 이야기를 해 달라고 재촉한다. 아이들의 성화에 못 이겨 시작한 이야기는 점차 신비의 세계로 빠져 들어간다. 유년 시절 태백 탄광촌에 살았던 또 다른 이상한 나라의 주인 또한 루이스 캐럴의 매혹적인 세계에 초대되었을 것이다. 헌책방에 들르기 전에 당신도 이상한 나라를 살짝 들여다보는 것은 어떨까. 혹시 아는가? 《이상한 나라의 앨리스》가 새로운 세상을 향한 입장권이 될지.

서울에서 마시는 짜이의 달착지근한 맛,

사직동 그 가게

짜이는 홍차와 우유, 인도식 향신료를 함께 넣고 끓인 음료로, 인도에서 유래했다. 인도를 비롯하여 남아시아 지역에서는 어디서든 접할 수 있는 대중화된 음료 짜이, 서울 한복판에 그 달착지근한 짜이를 마음껏 맛볼 수 있는 가게가 있다. 종로구 사직동 언덕 어귀에 있는 '사직동 그 가게'. 지친 오늘 달콤한 짜이 한잔이 그립다.

주소 서울특별시 종로구 사직로 9길 18
전화번호 070-4045-6331
이용시간 12:00~20:00(월요일 휴무)
이용요금 짜이 4,000원, 마살라·두유 짜이 4,500원, 소금 라씨 5,500원, 야채 커리 8,000원, 마살라 도사 7,000원
SITE blog.naver.com/rogpashop
찾아가는 길 서울 지하철 3호선 경복궁역 1번 출구 → 400m 도보로 이동 → 사직동 새마을금고 교차로에서 사직치안센터 방향으로 200m 직진 → 사직 아파트 바로 옆에 위치

동네 구멍가게 같은 모습의 사직동 그 가게

01

01 사직동 그 가게 내부 모습
02 주문하는 곳 앞에 진열되어 있는 메뉴판과 무료 잡지들
03 가게 외부에 그려져 있는 조그만 그림
04 사직동 그 가게 설명서

02

록빠 그리고 사직동 그 가게

사직동 그 가게는 티베트 난민 사회의 경제적 · 문화적 자립을 지원하고 있는 인도 다람살라의 NGO 단체, 록빠의 한국 전진기지다. 사직동 그 가게에선 록빠 여성 작업장의 물품이 공정 무역으로 소개되고, 마살라 짜이와 두유 짜이 등이 판매된다. 사직동 그 가게의 직원들은 모두 자원 활동가인데, 일주일에 4시간씩 12명이 교대로 카페지기를 하고 있다. 카페의 운영비를 제외한 모든 수익금은 티베트 난민들의 자립을 위해 쓰인다.

사직동 그 가게가 시작된 것은 2010년 5월의 어느 늦은 봄날이다. 1,125만 원의 출자금과 총 30여 명의 자원 활동가들이 모여 두 달에 걸쳐 공사를 진행했고, 인근에 버려진 물건들을 모아 자원 활동가들이 직접 가게를 꾸몄다. 그래서인지 완성과 동시에 보수가 시작되었다지만, 아기자기한 물건들이 삼삼오오 진열되어 있는 모습에서 사람 냄새를 실컷 맡을 수 있다.

나만의 여행정보

서울에서 짜이 마시기

경복궁역 1번 출구로 나와 한적한 길을 걷다 보면 대로 옆으로 조그만 사거리가 나온다. 사직동 새마을금고와 치안센터를 낀 골목은 번잡한 도시 끝의 아담한 풍경을 그려낸다. 치안센터를 따라 반듯하게 놓인 언덕을 오르면 오른쪽 길가에 알록달록한 구멍가게처럼 생긴 사직동 그 가게가 보인다. 하얀 삼성 천막 마크가 찍혀 있는 초록색 천막 아래로 잡동사니들이 하나둘 펼쳐져 있는데, 그 모습이 마치 동네 좌판을 보는 듯하다. 옛 문방구 문을 열듯이 얼룩진 유리문을 살짝 열고 들어서면 아늑한 가게 안의 짜이 향이 고스란히 느껴진다.

사직동 그 가게는 아기자기한 소품들로 가득 차 있다. 염소 모양 인형과 네팔 전통 가방, 네팔에서 건너온 록빠 여성 작업장의 작품들이 여기저기 가득하다. 벽 한편에는 록빠를 설명하는 문구들이 쓰여 있고, 네팔에서 찍었음 직한 사진들이 붙어 있다. 달라이라마가 방긋 미소 짓고 있는 사진도 인상적인데, 여기저기에서 그의 흔적을 발견할 수 있다. 사직동 그 가게에 진열되어 있는 제품들은 대부분 판매되어 록빠의 운영기금으로 활용된다. '같은 길, 함께 가는 친구, 돕는 이'라는 뜻의 록빠는 한국과 티베트 난민 사회를 잇는 다리 역할을 하고 있는 셈이다.

사직동 그 가게는 다양한 짜이 음료와 샌드위치, 커피, 허브티를 판매한다. 그중 가장 추천해 주고 싶은 것은 단연 짜이인데, 생강 향이 연하게 얹힌 짜이는 네팔 현지의 짜이에 버금간다. 두유 짜이도 마살라 짜이도 맛있지만 처음 오는 이에겐 그냥 '짜이'를 권하고 싶다. 인도와 네팔 사람들이 하루에 한 잔은 꼭 마신다는 짜이, 그 풍부한 맛에 휩싸여 있노라면 여기가 네팔인지 한국인지 분간이 안 갈 것이다.

01 사직동 그 가게 표 홈 메이드 샌드위치
02 생강 향이 코를 간질이는 짜이
03 가게 측면의 널찍한 테이블

늦은 오후 사직동 그 가게에 앉아 짜이를 음미하다 보면 의외로 가게에서 흘러나오는 노래의 다양함에 놀라게 된다. 그 장르는 한국 인디 음악부터 재즈 음악, 네팔 너머의 파키스탄 음악까지 아우른다. 짜이는 물론 가게에서 판매하는 샌드위치도 일품이다. 허술해 보이는 홈 메이드 샌드위치는 마치 여행지에서 직접 만든 듯 투박한 맛이 있다.

한 달에 한 번 혹은 두 달에 한 번 사직동 그 가게 앞에서는 잔치가 열린다. 가게 옆 주차장에서는 뮤지션들과 예술가들의 재능 기부로 작은 콘서트가 펼쳐지고, 골목길을 따라 집에서 안 쓰던 물건, 직접 손으로 만든 물건을 파는 벼룩시장도 열린다. 벼룩시장의 참여는 누구나 가능하며, 벼룩시장에서 번 수익금의 10%를 기부해야 한다. 이 기부금은 티베트 어린이 도서관 건립 기금 마련에 쓰인다.

달콤한 짜이도 마시고 티베트 난민도 도울 수 있는 사직동 그 가게. 조그만 가게 안에 옹기종기 모여 있는 테이블에서 짜이 한 잔을 홀짝이며, 티베트의 걸음에 조그만 응원을 보내는 건 어떨까.

Editor Upgrade _ 우리가 사랑한 1초들, 곽재구

《사평역에서》, 《포구기행》으로 독자들에게 가슴 뭉클한 감동과 따뜻한 위로를 주었던 곽재구는 인도 산티니케탄에서 540일을 살며 그 이야기를 한 권의 산문집으로 엮어낸다. 책은 우리 생의 수많은 1초들, 찰나의 시간들의 가치와 의미를 되돌아보게 한다. 평화의 마을 산티니케탄에서 곽재구가 담아낸 수많은 1초들은, 우리가 평범하게 여겼던 보잘것없는 일상이 기적이 될 수 있음을 말한다. 곽재구가 그려낸 한 편의 긴 서정시를 옆에 끼고 네팔의 옆 나라, 인도를 즐겨 보는 것도 좋을 것이다.

홀로 굳건히 대학로를 지키고 있는 동네 책방, 이음

동네 서점의 안부를 묻다,

이음책방

어릴 적엔 동네에 서점이 참 많았다. 대형 서점도 수두룩했고 조그만 동네 책방도 여기저기에 있었다. 어린 나는 엄마의 손을 잡고 서점으로 향하는 길이 참 좋았다. 벽 가득 책들이 꽂혀 있는 서점은 어린 시절에 자주 드나들던 도서관과는 또 다른 풍경을 만들어내고 있었다. 도서관의 눅눅한 냄새와는 달리, 갓 인쇄되어 나온 따끈한 책들의 종이 냄새가 가득했던 서점들. 지금은 카페와 프랜차이즈 음식점에 자리를 내주고 역사의 뒤안길로 사라져 가는 서점들이 많지만, 아직도 굳건히 자리를 지키고 있는 동네 서점이 있다.

주소 서울특별시 종로구 대학로 14길 12-1
전화번호 02-766-9992
이용시간 월~토요일 13:00~22:00(일요일 휴무)
SITE cafe.naver.com/eumartbook
찾아가는 길 서울 지하철 4호선 혜화역 1번 출구 → 오른쪽 골목으로 진입 → 30m 직진 왼편에 위치

동네 서점을 추억하다, 이음책방

이음아트라는 이름으로 시작된 이음은 2005년 10월에 처음 문을 열었다. 당시 회사원이었던 한상준 대표는 좋은 책을 들여놓는 서점을 하고 싶어 대학로에 이음아트를 열었다. 하지만 인문 예술서를 전문으로 다루는 작은 책방은 수차례의 위기를 버티다 2009년 말 끝내 문을 닫고 말았다. 팔리는 책이 아닌 좋은 책을 고집하던 작은 서점이 감당하기에 국내 출판 시장은 너무나 매정했기 때문이다. 그런 이음아트가 책방으로 거듭난 건 그 직후다. 이음아트의 파산 이후 '나와 우리'라는 시민 단체가 책방을 '이음책방'으로 바꾸고 다시 운영하게 되었다. 그 후 여태껏 적자를 면치 못하고 있지만, 이음은 여전히 번잡한 대학로 안의 고요한 섬을 자처하며 공공의 문화공간으로 발돋움하고 있다.

이음은 단순히 책을 사고파는 곳이 아닌, 책을 좋아하고 사람을 좋아하는 사람들의 공간이다. 이곳의 책은 베스트셀러 위주가 아니다. 대표가 직접 추천하는 좋은 책이라든가, 쉽게 구하기 어려운 소규모 독립 출판물 등이 눈에 띄게 진열되어 있다. 일반 서점에는 판매되지 않는 출판물들, 무료 예술잡지 등이 책방의 한가운데 자리를 차지하고 있다. 대형 서점과 인터넷 서점 몇 곳이 출판 유통을 장악한 현실에서 이음이 생존할 수 있었던 까닭은 사람 냄새 나는 서점이기 때문일 것이다. 그래서일까? 그 좁은 이음엔 앉을 의자가 수두룩하다. 의자도 종류가 다양한데 소파와 넓은 평상도 있어 어디서나 편히 앉아 책을 읽을 수 있다. 이것은 모두 책과 사람을 이어주고자 하는 이음의 조그마한 배려일 것이다.

01 책방의 빼곡한 서가
02 지하 책방으로 내려가는 계단
03 책을 주문하는 곳
04 지하로 향하는 계단에 전시되어 있는 사진들
05 다양하게 구비되어 있는 무료 잡지

동네 책방의 나른한 오후

이음에서 빠름은 전혀 무의미하다. 읽고 싶은 책이 있으면 비어 있는 테이블에서, 의자에서 천천히 읽을 수 있다. 책장이 놓인 통로엔 간이 의자가 빼곡히 있어 편하게 앉아 책을 읽을 수 있고, 이제는 절판된 법정스님의 책들도 빌려 볼 수 있다. 이음 안에는 또 다른 공간이 존재한다. 바로 갤러리 겸 카페인 공간인데, 여러 가지 구색 맞추기 식 메뉴가 아닌 책을 읽으며 가볍게 마실 수 있는 차 종류가 저렴하게 구비되어 있다. 책뿐만 아니라 음악과 차, 전시회, 작은 소모임도 즐길 수 있으니 일정을 확인하고 방문해 보자.

나른한 오후 무렵, 동네 책방을 찾는 기분으로 이음책방으로 향해 보는 것은 어떨까? 세상 이야기가 쌓이는 조그만 책방, 이음은 책들의 사랑방일지도 모른다.

이음책방의 내부와 안쪽에 있는 이음책방 갤러리

Editor Upgrade _ 욘욘슨, 이랑

아마추어 증폭기의 금자탑을 커버하는 것으로 음악을 시작한 이랑. 그녀의 성장기가 담긴 다소 몽환적인 앨범. 〈욘욘슨〉은 단순하고 밝은 멜로디 위로 무거운 성장기 느낌의 가사가 얹혀 재기발랄한 음악을 형성해낸다. 독특한 음악 세계로 이랑이라는 이름을 만천하에 알린 욘욘슨을 듣고 있노라면, 무겁고 어렵기만 한 삶이 한순간 아주 가볍게 느껴질 것이다. 그녀의 장난에 응하며 이음으로 향하자. 천진난만한 눈으로 바라보는 책방은 또 다른 느낌일 것이다.

낡은 불빛을 간직한, 학림다방

다방은 예전 한때 퇴폐 문화의 온상지라는 오명을 입었기도 했지만 반면에 커피라는 최신식 서양 음료를 전하던 추억의 공간이었다. 때로는 시 낭송과 사진전이 열리고, 다양한 예술가들의 사랑방 역할을 소화해냈던 다방은 이제 몇 남지 않은 풍경의 일부가 되어 버렸다.

이음책방이 있는 대학로에는 1956년 문을 연, 아직도 다방의 모습을 간직한 학림다방이 있다. 대학로 한복판의 화려한 조명들 사이에서 홀로 낡은 불빛을 간직한 학림. 오래된 다방의 분위기에서 직접 브랜딩하고 로스팅한 커피를 마시고 싶다면 학림으로 향해 보자. 부드러운 클래식 선율 속에서 창밖의 대학로를 바라보며 과거의 풍경에 젖는 것은 학림에서만 누릴 수 있는 사치이다. 읽고 싶은 책을 두어 권 사다가 학림에 들러 커피 한잔의 여유를 즐기며 읽어 보자.

01 눅눅한 다방의 향기가 느껴지는 다방 내부의 모습 **02** 학림다방의 레몬차 **03** 학림다방 내부 모습 **04** 대학로가 내려다보이는 다방 전경

주소 서울특별시 종로구 대학로 119 **전화번호** 02-742-2877 **이용시간** 10:00~23:0(연중무휴) **이용요금** 레귤러 4,500원, 비엔나커피 5,500원 **SITE** hakrim.pe.kr **찾아가는 길** 서울 지하철 4호선 혜화역 3번 출구 뒤편으로 10m에 위치

SEOUL

1hour

Gyeonggi-do

2hours

Incheon

두 시간, 너에게 가닿는 황홀한 시간

너와 나의 거리는 항상 두 시간에 머물렀다. 일주일에 하루, 너와의 거리가 '0'에 수렴하는 순간이 나는 가장 황홀했다. 너에게 가닿는 데 걸리는 시간, 두 시간이면 당신은 또 다른 '너'의 일상을 헤집고 들어갈 수 있다.

* 소요시간은 편도를 기준으로 합니다.

나른한 오수를 즐기다,

국립현대미술관

하루 종일 있어도 지겹지 않은 곳, 아름다운 작품들과 아이디어가 넘실대는 곳, 이른 아침에 도착해 늦은 저녁이 될 때까지 보고 듣고 느낄 수 있는 곳, 바로 한적한 과천 외곽에 자리 잡은 국립현대미술관이다. 나른한 오후, 국립현대미술관에 들러 살짝 졸다 오는 것은 어떨까?

주소 경기도 과천시 광명로 313(막계동)
전화번호 02-2188-6000
이용시간 3~10월 : 화, 수, 목, 금, 일요일 10:00~18:00, 토요일: 10:00~21:00 (18:00~21:00 기획전시 무료관람) / 11월~2월 : 화, 수, 목, 금, 일요일 10:00~17:00, 토요일: 10:00~21:00(17:00~21:00 기획전시 무료관람) (매월 마지막 주 수요일 '문화가 있는 날'은 밤 9시까지 관람)
이용요금 상설전시 무료, 기획전시는 전시별 별도 책정(발권은 관람 종료 1시간 전까지만 가능)
SITE moca.go.kr
찾아가는 길 서울 지하철 4호선 대공원역 4번 출구 → 셔틀버스 이용 혹은 2번 출구 나와 걸어서 30분 거리

웅장한 자태로 한가한 이들의 오후 시간을 책임지는 국립현대미술관

01
02

한국 문화 예술의 새로운 장, 국립현대미술관

1969년 경복궁에서 개관한 국립현대미술관은 1986년 현재의 과천 부지에 국제적 규모의 시설과 야외조각상을 겸비한 미술관으로 재개관되었다. 넓은 부지에 주변의 자연환경과 어우러지게 건립된 미술관은 인공미와 자연미가 서로 조화를 이루며 전통적이면서도 현대적인 모양새를 띠고 있다. 미술관은 한국의 성곽과 봉화대의 전통 양식을 투영한 디자인으로 건립되었는데, 봉화대형 램프코어(중앙현관)를 중심으로 동편 3층, 서편 2층으로 구성되어 있다.

미술관에 들어서면 미디어 아티스트 백남준의 작품인 〈다다익선〉과 맨 처음 마주하게 된다. 이 작품은 1,003개(10월 3일 개천절 상징)의 TV 브라운관으로 지름 7.5m의 원형에 18.5m의 높이로 설치되었다. 그의 작품은 나선형의 계단을 따라 감상하게 되어 있는데, 많은 사람이 볼 수 있도록 한 작가의 배려다.

총 9개의 전시실을 갖추고 있는 국립현대미술관은 1층 제1·2전시실에서는 기획전을 열고, 2층 제3·4전시실과 3층 제5·6전시실 그리고 제1·2원형 전시실에서는 상설전을 열고 있다. 1층에는 어린이미술관이 있어 교육 목적의 공간으로 활용되는데, 국립현대미술관에서 가장 재미있는 공간이다.

03

01 국립현대미술관으로 향하는 길목
02 미술관 정문에서 바라본 겨울의 설산
03 미술관에 소풍 나온 아이들
04 미술관 외부의 조각상들

04

01 입체적 형태의 전시 구성
02 넓은 공간으로 구성된 전시실 모습
03 설치 작품과 사진 작품이 묘한 조화를 이루는 전시실 내부
04 따뜻한 조명의 기획 전시실

한가한 평일 오전의 국립현대미술관

홀로 떠나는 국립현대미술관은 느린 발걸음으로 다녀와야 제대로 느낄 수 있다. 평일 이른 오후의 미술관은 대부분 텅 비어 한적함 속에서 미술관을 제대로 즐길 수 있다.

대공원역에서 내려 30분 정도 걸리는 길을 느긋하게 걸으면, 정적이 깔린 넓은 대로를 마주하게 된다. 미술관은 놀이공원인 서울랜드와 서울대공원 동물원 등과 마주하고 있어 한가한 날에도 이곳을 찾는 가족 단위 관람객이 많은 편이다. 저수지를 뻥 돌아가는 대로를 걷는 게 힘들면 대공원역에서 수시로 운행하는 셔틀버스를 타고 방문할 수도 있다.

9개의 전시관에서는 신소장품전 따위의 기획전, 어린이미술관과 한국현대미술 전시, 특별기획전과 사진 기증 작품 특별전 등이 진행된다. 미술관을 가득 채운 전시관의 다양한 전시는 감성 충전에 과했으면 과했지 결코 부족하지 않을 것이다. 9개에 이르는 전시관에서 펼쳐진 환상들을 마음껏 음미하다 배가 고파지면, 1층에 있는 카페테리아 라운지 디(Lounge D)로 향하자. 라운지 디는 비싸지 않은 가격에 피자와 파스타, 커피와 머핀을 판매하고 있다. 종일 받아들이기에 지쳤다면 넓은 카페에서 잠시 휴식을 취하는 것도 좋겠다.

국립현대미술관 그리고 과천 둘러보기

국립현대미술관 주변에는 보고 즐길 것이 많다. 국립현대미술관 바로 옆에는 국내 최대 규모의 동물원과 온실식물원, 삼림욕장과 자연캠핑장을 갖춘 서울대공원이 있고, 1988년 88 올림픽과 함께 개관한 테마파크 서울랜드가 있다. 조금 멀리에는 서울경마공원과 국립과천과학관, 한국카메라박물관 등이 있으니 하루 정도 시간을 잡고 천천히 구경해 보는 것도 좋겠다.

하루 푹 쉬고 싶을 때, 국립현대미술관의 작품들 사이에서 나른한 낮잠에 빠져 보자.

01 미디어 아티스트 백남준의 설치 작품 〈다다익선〉
02 국립현대미술관 내부의 카페 라운지 디
03 상설 전시관 모습
04 멀리서 바라본 백남준의 〈다다익선〉

Editor Upgrade _ **가을방학, 가을방학**

언니네 이발관으로 데뷔한 정바비와 브로콜리 너마저로 데뷔한 계피의 듀오 앨범. 가을방학이라는 이름을 들고 나온 그들은, 송 라이터 정바비와 매력적인 음색을 가진 계피의 결합으로 더 화제가 되었다. 산뜻한 울림으로 다가오는 계피의 노랫말을 음미하며, 한적한 국립현대미술관을 가로질러 보는 것은 어떨까. 혹시 아는가. 당신의 취미도 사랑이 될지.

03

04

재미있는 그림들이 그려져 있는 한국만화박물관 전경

만화와 관련된 다양한 설치 작품

동심 혹은 본심,

한국만화박물관

우리는 누구나 어린아이의 마음, 즉 동심을 품고 있다. 우리가 흔히 사용하는 말 중에 '동심에 젖는다'라는 말이 있는데, 지나간 동심의 순간을 회고하며 때 묻지 않은 어린아이의 마음으로 돌아간다는 뜻이다. 각박한 생활 속에서 잃어버린 동심을 찾을 수 있는 곳. 한국만화박물관에 가면, 동심에 흠뻑 젖어 당신의 유년을 마주할 수 있다.

주소 경기도 부천시 길주로 1
전화번호 032-310-3090~1
이용시간 10:00~18:00(17:00까지 입장, 매주 월요일, 1월 1일, 설·추석 당일 및 그 전날 휴관)
이용요금 일반 5,000원, 가족권(성인2+어린이2) 15,000원
SITE comicsmuseum.org
찾아가는 길 서울 지하철 7호선 삼산체육관역 5번 출구 → 한국만화박물관까지 약 300m 직진

01 낡은 만화책을 읽을 수 있는 땡이네 만화가게
02 한국 만화를 대표하는 명장면으로 구성된 벽
03 한국 만화의 역사와 반세기를 함께한 김성환 작가의 〈고바우 영감〉
04 만화역사관 내부에 진열되어 있는 오래된 만화책들
05 한국 만화 100년사가 표현되어 있는 한국만화역사관

동심에 흠뻑 젖기, 한국만화박물관

2001년 10월, '2001 부천만화축제'에 맞춰 개관한 한국만화박물관은 대한민국 동심의 본거지라 칭해도 부족함이 없다. 박물관은 한국만화 100년사를 대표하는 전시 공간인 '한국만화역사관'과 만화를 장르별로 감상하며 체험할 수 있는 입체적 전시 공간인 '만화체험전시관' 그리고 국내외 25만여 권의 만화 관련 서적을 소장하고 있는 '만화도서관' 등으로 구성되어 있다.

한국만화박물관은 사라져가는 우리 만화 자료들을 수집하고 보존하기 위해 설립되었다. 박물관에선 한국 만화 100년의 추억을 환상적으로 체험할 수 있는 공간을 제공하고, 한국 만화의 역사와 현주소를 살펴볼 수 있는 주요 작품과 작가들을 소개하고 있는데, 이용자가 직접 체험해 볼 수 있는 첨단의 전시 시설이 함께 구성되어 있다. 한국만화박물관에서는 관람객이 직접 체험자로서 만화를 그리고, 만화 속 주인공이 되는 등 만화의 일부가 되어 전시를 관람할 수 있다.

한국만화박물관에서는 다양한 이슈와 새로운 경향을 보여주는 기획전시가 정기적으로 개최되어 기존 상설전시와 함께 다양한 전시를 구경할 수 있다. 박물관에 있는 만화도서관에서는 방대한 국내외 출간 만화 도서와 다양한 만화 관련 자료 등을 열람할 수 있고, 별도의 아동열람실과 애니메이션 감상이 가능한 영상열람실을 두고 있어 잃어버렸던 동심을 추억하는 시간을 가질 수 있다.

나만의 여행정보

박물관 구석구석 엿보기

만화박물관은 박물관 전체가 하나의 전시관이라고 할 수 있다. 박물관 입구, 화장실, 2층으로 오르는 계단, 어느 곳 하나도 빼놓지 않고 만화 작품들이 전시되어 있어 눈길을 끈다. 박물관의 1층 로비와 제2기획 전시실, 만화도서관 등은 무료로 운영되어 원하는 만화를 실컷 읽을 수도 있다. 박물관의 3층에 있는 상설전시는 5,000원의 요금을 받는데, 그 값이 아깝지 않다. 상설전시관은 만화박물관의 주 전시관으로 한국만화역사관과 만화체험전시관으로 구성되어 있는데, 한국 만화 100년의 역사를 가로지르는 작품들이 소개되어 있다. 한국만화역사관에 들어서면 어두운 동굴과 맞닥뜨리게 되는데, 동굴처럼 형성된 양쪽 벽면에는 한국을 대표하는 만화 작품들의 명장면이 관람객을 맞이하고 있어 또 다른 추억을 불러일으킨다. 또한 '만화란 무엇인가?'에 대한 작가들의 생각이 타이포그래피 중심으로 꾸며진 영상과 만화 작품의 명장면 등이 전시관 일부를 차지한다.

만화박물관에서 가장 즐거운 공간은 고우영기념관이다. 고우영기념관에서는 한국 만화의 국보라 일컫는 고(故) 고우영 작가의 1970~1980년대 육필 원고를 바탕으로 작가의 삶과 시대상을 집중적으로 조망하고 있는데, 70년대 당시 작가의 동의 없이 검열 · 삭제된 만화 장면 또한 엿볼 수 있다. 선생이 생전에 한 인터뷰에서 '다시 생각하기도 싫은 과거의 악몽'이라 회상했던 무참히 잘려나간 원화를 감상하면서 만화를 포함한 각종 창작물이 심의의 대상이 되는 오늘의 현실도 함께 생각해 볼 일이다.

01 만화가의 머릿속 체험 작품
02 고우영 작가의 미공개 원고
03 작가들의 만화 캐릭터와 사인을 전시한 〈만화인 명예의 나무〉

01 02

03

4층의 만화체험전시관에 오르면 '만화'를 매개로 다양한 체험을 할 수 있는 공간이 펼쳐진다. 관람객이 직접 디지털 패널을 통해 나만의 캐릭터를 꾸며 볼 수 있는 공간, 다양한 볼록 거울과 요술 거울을 비롯해 만화가의 24시간을 엿볼 수 있는 '만화가의 머릿속', 고우영, 황미나 등 대표 만화가들의 인터뷰 영상을 볼 수 있는 '우리가 사랑한 만화가', 만화 속 명장면과 관람객이 합성해 사진 촬영을 할 수 있는 '크로마키 체험 코너' 등 체험할 수 있는 요소도 다양하다.

남녀노소 누구나 즐길 수 있는 회화, 만화. 한번쯤 어린아이의 마음으로 돌아가 우리 자신의 동심 혹은 본심 속을 들여다보자.

Editor Upgrade _ It's Spring, 제이레빗

음악을 통해 즐겁고 행복한 기분을 전해주는 아티스트 제이레빗. 두 마리의 토끼가 만들어낸 그녀들의 1집 〈It's Spring〉은 신선하고 발랄한 음악으로 무장하고 있다. 마치 동심의 세계를 걷는 듯한 멜로디의 배열 속에서 제대로 된 즐거운 음악을 즐겨 보는 것은 어떨까. 동심의 은유 속에서 봄날을 외쳐 보자. 이번 여행에 가장 어울리는 곡은 타이틀 곡 'Love Is So Amazing'일 것이다.

고양이를 품은 나무 공방,

스튜디오 앤캣

고요하고 평범한 골목을 걷다 보면 아담한 공원이 나오고, 그 한 쪽에 스튜디오 앤캣이 있다. 햇볕 좋은 날, 양지바른 포근한 길가에 앉아 있는 고양이 같은 공방 안에 들어서면 나무 특유의 향긋한 내음이 가득하다.

주소 경기도 고양시 일산서구 현중로 26번길 61-16 1층
전화번호 010-2645-9627
이용시간과 요금 강의시간 및 비용에 따라 다르므로 별도 문의
SITE http://ncat.modoo.at/
찾아가는 길 서울역에서 숭례문 정류장까지 700m 걷기 → 9703(숭례문) 승차 → 일산 홀트학교 정류장에서 하차 → 길을 건너 200m 직진, 첫 번째 골목에서 좌회전 → 직진 → 탄중어린이공원을 보고 좌회전 → 다시 우회전

넓은 작업대와 개성 있는 커트러리들이 벽면을 장식하고 있는 앤캣 스튜디오 내부 모습

01

고양이를 닮은 나무 조각

햇볕을 머금은 복슬복슬한 털에 호기심이 가득한 눈동자를 하고 눈을 부비거나 수염을 닦는 손짓에도 우아함이 넘쳐나는 고양이를 보고 사랑에 빠지지 않는 사람이 있을까?

스튜디오 앤캣의 윤소라 작가도 그렇게 고양이와 사랑에 빠진 사람 중 하나였다. 잡지를 보다가 우연히 나무 조각을 보게 되었는데 항상 자신에게 창작 의욕을 심어주는 우리집 고양이를 깎아봐야겠다는 생각이 들어서 가구를 만들고 남은 자투리 나무 조각으로 고양이를 깎기 시작했다. 나무를 깎는 동안 오롯이 그 시간에 집중하게 되는 것이 좋았고 사각거리는 묵직한 나무 깎는 소리도 좋았다. 그렇게 하나 둘 고양이를 깎다가 전시를 하게 되었고 스튜디오 앤캣이 탄생했다.

작가의 감성을 담은 고양이 조각들

공방은 그렇게 넓은 공간은 아니다. 가운데에는 나무로 된 긴 테이블이 놓여 있고, 벽면에는 나무를 깎아서 만든 커트러리들이 각자의 개성을 자랑하면서 나란히 걸려 있다. 그 옆으로는 도끼와 톱, 망치들과 카빙 나이프들이 걸려 있어 작업 공간임을 알 수 있다. 이름만 들으면 무서운 공구들이긴 한데 한편으로는 꽤 귀엽고 아기자기해 보인다.

그리고 작가의 감성을 가득 품고 있는 고양이 조각들이 곳곳에 놓여 있는데 마치 전시장에 온 듯하다. 서 있는 고양이, 누워 있는 고양이, 기지개를 켜고 있는 고양이 조각들과 다양한 그릇과 스푼 등 고양이의 모습을 품고 있는 여러 가지 소품들을 만날 수 있다. 고양이의 복스러운 털이 느껴질 것만 같은 나무 고양이 조각들이 자신들의 존재감을 과시하면서 공방을 지키고 있다.

01 아기자기한 고양이들과 다양한 우드 작품들
02 작가의 손때가 묻어 있는 작업도
03 공구가 가득 차 있는 작업대

손으로 깎아서 만드는 커트러리

스튜디오 앤캣에서는 우드카빙과 고양이 조각을 배울 수 있다. 우드카빙은 나무를 깎아서 만드는 과정으로 목공을 위한 수공구를 기초부터 배워가는 과정이다. 버터나이프나 접시 등의 주방 커트러리를 만들 수 있으며 단단한 나무를 형태에 맞춰서 깎는 법을 배운다.

공구에 익숙해지면 조각을 할 수 있는데, 스튜디오 앤캣에서는 고양이 조각을 많이 하는 편이고, 키우는 고양이를 조각하고 싶어서 수강을 신청하는 이들도 많다. 조각에 사용되는 나무는 카빙에 사용되는 나무보다 무르기 때문에 조금 더 쉽게 형태를 깎을 수 있다. 고양이 조각은 원데이 수업도 있는데, 좀 쉬운 형태로 진행이 된다. 쉬엄쉬엄 앙증맞은 나만의 고양이 조각을 만들어 보자.

03

01 02

01 늠름하게 서 있는 고양이들
02 고양이가 엎드려 있는 컵 뚜껑
03 커트러리들로 가득 차 있는 벽면
04 작가의 손길이 묻어나 있는 조명
05 아기자기한 고양이 장식들
06 다양한 조각품들로 표현된 고양이들

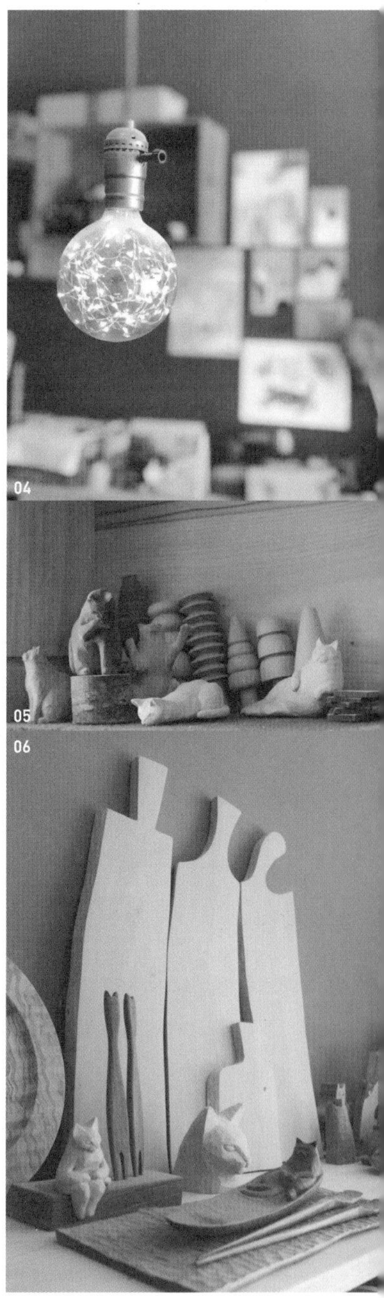

04

05

06

나만의 여행정보

실내에 오롯이 들어와 있는 헌책방골목

오래된 책들이 잠자는 곳,

문발리헌책방골목

다양한 디지털 기기가 익숙하고 스마트폰이나 태블릿으로 전자책을 보는 것이 편한 시대가 되었지만 종이 책장을 넘기는 촉감과 사각거리는 소리는 우리에게 좋은 기억을 떠올리게 한다. 오롯이 책을 느끼며 느긋한 시간을 즐길 수 있는 곳, 멈춘 시간 속에서 또 다른 나의 감성을 찾을 수 있는 곳, 문발리헌책방골목은 그런 곳이다.

주소 경기도 파주시 문발로 240-21(문발동)
전화번호 031-955-7440
이용시간 평일 10:00~18:30 / 주말 10:00~19:00
이용요금 아메리카노 3,500원 외 / 장소 대관 가능
찾아가는 길 서울역 승차 → 시청역 2호선 환승 → 합정역 8번 출구 나와 → 2200(홀트아동복지회) 승차 → 이채쇼핑몰 정류장에서 하차 → 150m 정도 걷기

작은 골목의 매력

큰길에서 살짝 벗어나서 카페가 있을 것 같지 않은 도로를 걷다 보면 소박한 파란 문이 보이고 자그마하게 '문발리헌책방골목'이라고 적힌 간판이 보인다. 위치를 미리 알고 가지 않는다면 무심히 지나가는 발걸음에서 자칫 놓치기 쉬운 곳이다. '헌책방골목'이라는데 부근에 헌책방 골목 같은 것은 보이지 않으니까. 하지만 문을 열고 들어가면 이곳이 왜 '헌책방골목'이라는 이름을 갖고 있는지를 금세 알 수 있다. 내부에는 작은 골목이 들어서 있고, 그 골목의 양쪽에는 책들이 빽빽하게 꽂혀 있다.

책장 뒤에 숨으라는 입구의 문구처럼 문발리헌책방골목에는 숨어 있기 좋은 구석들이 많다. 계단을 따라 올라가면 책장 앞에 의자가 놓여 있고, 벽면의 작은 문 너머에는 책장으로 둘러싸인 아담한 방이 있으며 책장 아래 구석에 테이블이 놓여 있다. 마음에 드는 구석에 앉아서 옆에 있는 수많은 책들 중에 한 권을 뽑아서 읽고 있노라면 세상과 멀어져 나만의 시간으로 들어갈 수 있을 것 같다.

만약 어두운 구석보다 밖의 경치를 구경하는 밝은 곳을 더 좋아한다면 창가에 자리를 잡아도 좋다. 창가를 따라 의자와 테이블이 놓여 있는데, 소파에 몸을 기대고 앉아 아무것도 하지 않고 그저 창문 너머의 풍광을 바라보는 것만으로도 마음의 여유가 느껴질 것이다. 삶의 시간에서 비켜나 잠깐 동안 흘러가는 바람의 여행을 구경하는 것도 괜찮지 않은가.

01 문발리헌책방골목을 알리는 표지판
02 문발리헌책방의 내부 전경
03 서재 안쪽에 마련된 독서 공간
04 위에서 한눈에 내려다본 카운터와 문발리헌책방 내부 전경
05 곳곳에 숨어 있는 독서 공간

01 문을 열면 마주하게 되는 카운터의 모습
02 창가를 따라 놓여 있는 테이블들
03 대관이 가능한 소극장 내부 전경
04 높은 층고의 갤러리가 연상되는 공간
05 어린이책이 가득한 방
06 블루컬러가 맞이해 주는 문발리헌책방골목 입구

05 06

책을 통해 다양한 세상으로 여행을 떠나다

입구는 여느 카페에서나 볼 수 있는 평범한 모습이다. 하지만 커피를 주문하는 곳 옆으로 들어가면 왼쪽으로 작은 소극장이 있는 것을 볼 수 있다. 60명 정도가 들어갈 수 있는 공간에 프로젝트와 마이크, 앰프 등의 설비가 갖춰져 있으며 대관 신청을 해서 마음에 맞는 사람들끼리 이벤트를 할 수도 있다. 또한 소극장 부근은 천장이 높고 적절한 조명과 걸려 있는 그림들이 갤러리를 연상시킨다. 주변을 잘 둘러보면 작은 소품들이 전시되어 있는 공간도 있고 아이들을 위한 책들로 가득한 방도 발견할 수 있다.

부산 보수동 헌책방 골목이나 도쿄의 간다 고서 거리 같은 풍경이 출판도시에 형성되기를 바랐다는 주인장의 말처럼 문발리헌책방골목은 그 자체가 문화 공간으로 자리매김하고 있다. 헌책을 싸게 파는 상업 공간이기 이전에, 우연히 마주친 남녀가 서로 제짝임을 알아보듯 책과 사람이 제짝인 것처럼 서로를 알아보는 행운의 공간이다.

책을 좋아하는 사람들이라면 책장 가득 꽂혀 있는 책을 바라보는 것만으로도 가슴이 두근거릴 것이다. 각각의 세상을 품은 책들이 가득 놓여져 있고 나에게 그 세계를 보여주기 위해 기다리고 있으니 말이다. 나는 그저 편안한 자세로 앉아서 그들의 세상 이야기를 보기만 하면 되니 이 얼마나 멋진 일인가.

백남준아트센터 전시장 입구

TV 설치 작품들

백남준 다시 보기,

백남준아트센터

과학자이며 철학자인 동시에 엔지니어인 새로운 예술의 선구자, 비디오 아트의 선구자 그리고 시간을 지휘하는 예술가. 바로 백남준을 지칭하는 표현들이다. 백남준의, 백남준에 의한, 백남준을 위한 작품들이 기획되고 전시되는 대한민국의 가장 창조적인 공간, 백남준아트센터. 현대 예술가들 가운데 가장 독창적이고 흥미로운 인물인 백남준을 위한 공간의 장으로 떠나 보자.

주소 경기도 용인시 기흥구 백남준로 10
전화번호 031-201-8500
이용시간 화~일요일 10:00~18:00(7~8월은 10:00~19:00)휴관 : 매주 월요일(공휴일 제외), 1월 1일, 설날, 추석 당일 관람 종료 1시간 전까지 입장 가능, 계절마다 이용시간에 차이가 있으니 홈페이지에서 확인
이용요금 무료(특별기획전의 경우 전시에 따라 관람료가 달라진다. 자세한 사항은 전시 소개 페이지를 참조)
SITE njpartcenter.kr
찾아가는 길 서울 지하철 2호선 강남역 5번 출구 → 강남역(중) 정류장에서 5001, 5003번 버스 승차 → 상갈파출소, 백남준아트센터 정류장에서 하차 → 100m 직진 후 우회전 → 400m 전방에 백남준아트센터 위치

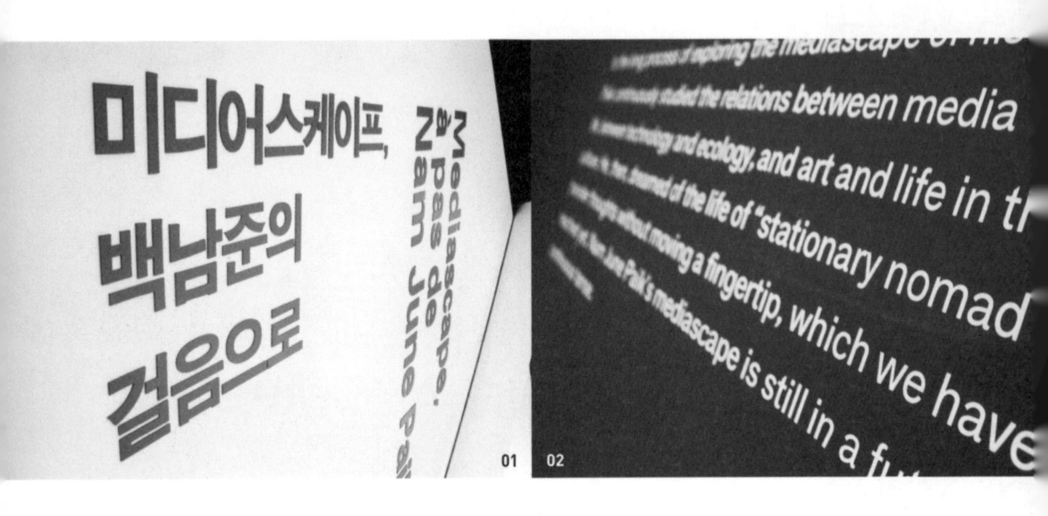

01 02

시간을 지휘하는 예술가, 백남준

전자 미술의 선구자로 널리 알려진 백남준은 TV 프로젝트, 퍼포먼스, 설치, 공동 작업을 아우르며 많은 작업을 한 미술가로 유명하다. 백남준은 공간과 시간을 요소로서 자신의 예술을 표현해내는데, 매개와 소통의 새로운 테크놀로지를 이용한 작업들은 같은 시간에 여러 공간을 살 수 있는 가능성, 하나의 공간에 여러 다른 시간대가 공존할 수 있는 가능성을 모색한다.

백남준에게 비디오란 시간이 흘러감에 따라 변화하는 미디어였다. 그는 시간을 정지했고, 되감았으며, 재생하였다. 비디오를 통해 흘러가는 시간은 공간으로 구성되었고, 공간은 예술의 영역에서 해석되었다.

01 기획 전시 미디어스케이프, 백남준의 걸음으로
02 전시물 영문 설명
03 백남준아트센터 소장품 〈TV 물고기〉
04 백남준아트센터 소장품 〈Zen for Film〉

백남준이 오래 사는 집, 백남준아트센터

2001년 작가 백남준과 경기도는 백남준아트센터 건립을 논의하기 시작했으며, 생전의 백남준은 그의 이름을 딴 이 아트센터를 '백남준이 오래 사는 집'이라 명명했다. 2008년 10월 경기도 용인시에 개관한 백남준아트센터에서는 작가가 바랐던 '백남준이 오래 사는 집'을 구현하기 위해 지금도 여전히 그의 사상과 예술 활동에 대한 창조적인 전시들을 연다. 백남준아트센터의 전시는 상설전과 기획전으로 나뉘는데, 상설전은 아트센터가 소장한 백남준의 작품들 위주로 전시되며, 기획전은 백남준의 사유와 사상을 변형한 다양한 작가들의 작품이 전시된다. 상설전은 이 년에 한 번 그 구성이 바뀌며, 공식 홈페이지에서 상설전에 전시되는 작품에 대한 정보를 얻을 수 있다.

01

나만의 여행정보

백남준아트센터는 백남준의 예술적 궤적이 살아 있는 비디오 설치 작품과 드로잉을 비롯해 작품 241점, 비디오 아카이브 자료 2,285점, 기타 백남준 관련 자료를 소장 및 전시하고 있다. 아트센터의 전시실은 1층과 2층으로 되어 있다. 로비 뒤로는 도서관이 위치해 있는데 백남준의 예술 사조 및 그의 작품 세계와 관련한 자료를 비롯해 3,000여 권의 국내외 단행본, 전시 도록을 이용할 수 있으니 아트센터에 방문한다면 꼭 들러봐야 할 장소이다. 백남준아트센터는 카페와 아트 숍도 함께 운영하고 있다. 백남준의 작품이 여기저기 걸려 있는 카페에서 느긋한 오후를 보내는 것도 아트센터를 즐기는 방법의 하나일 것이다.

백남준아트센터 뒤편으로는 경기도박물관이 있는데, 두 곳을 한번에 관람하는 통합 입장권을 구매할 수도 있다. 경기 지역의 유래와 역사, 대표적 문화 유적을 살펴볼 수 있는 경기도박물관은 그 자체의 멋보다는 한적한 풍경에 즐겨 찾는 공간이지만, 시간이 난다면 들러보는 것도 좋겠다.

미디어 아트의 선구자 백남준, 그리고 그가 오래 사는 집 백남준아트센터. 그의 전위적이고 실험적인 비디오 아트를 마주하러 백남준아트센터로 떠나 보자.

01 백남준아트센터 라이브러리
02 백남준아트센터 아트 숍 'Art Store'
03 백남준아트센터 내부의 카페 모습

02
03

인천 섬돌이 길 돌아보기,
신도, 시도, 모도

특별한 하루를 보내고 싶은 날, 아무도 없는 섬에서 홀로 한 걸음 한 걸음 걷고 싶을 때가 있다. 햇볕이 옆에서 지켜주는 듯 따스하게 내리쬐는 곳, 인천의 섬돌이 길은 홀로 걷기에 참 좋은 길이다. 서울에서 1시간, 뱃길로는 10분, 조금만 시간을 내면 드넓게 펼쳐진 서해를 만끽할 수 있다. 섬과 바다 그리고 육지가 공존하는 곳, 바로 신도와 시도, 모도 사이의 여행길로 떠나 보자.

주소 인천광역시 옹진군 북도면 신도로 5
전화번호 032-899-3401(신도면사무소)
이용시간 삼목~신도행(07:10~18:10 한 시간 간격 운행), 신도~삼목행(07:30~18:30 한 시간 간격 운행)
이용요금 일반여객 승선요금 왕복 성인 4,000원
찾아가는 길 공항철도 서울역 승차 → 운서역 1번 출구 → 길 건너편 운서역 정류장에서 307번 버스 승차 → 삼목선착장 입구 정류장 하차 → 신도선착장행 배 탑승

서해의 갯벌에 홀로 자리 잡은 낚싯배 하나

드넓게 펼쳐진 서해의 갯벌

신도로 향하는 바닷길

신도는 인천광역시에서 북서쪽으로 14km 부근에 위치한 섬으로, 신도로 향하려면 일단 공항철도 운서역 근방에 있는 삼목선착장으로 가야 한다. 운서역으로 향하는 공항철도는 영종대교를 따라 바다를 건너고, 무인도와 운염도라는 이름의 조그만 섬도 하나 건넌다. 철도를 타고 바다를 건너다 보면 저 멀리 썰물에 드러난 갯벌이 광활하게 펼쳐져 있다.

운서역에서 40분 간격으로 운행하는 307번 버스를 타면 삼목선착장 바로 앞에 데려다 준다. 삼목선착장에서 바다로 향하는 뱃길은 한 시간에 한 번씩(매시 10분) 열리니 배 시간을 꼭 확인해야 한다. 신도로 떠나는 배는 여객 정원이 400여 명인 제법 큰 배로 차와 함께 승선할 수 있는 구조로 되어 있고, 배에 오르면 커다란 통창으로 바다를 볼 수 있다. 바다 냄새를 직접 맡고 싶다면 갑판 위로 올라가면 된다. 갑판 어깨 높이 정도의 하얀색 울타리에 서면 넓게 펼쳐진 바다를 만끽할 수 있다. 10분 거리 지척의 신도는 헤엄쳐서 가고 싶을 정도로 가까이에 있다.

01 신도와 삼목선착장을 이어주는 배
02 신도로 떠나는 배
03 여객선의 차량 탑승 공간
04 신도에 비치되어 있는 공용 자전거
05 한 시간에 한 번 운행하는 신도, 시도, 모도의 마을버스

나만의 여행정보

01 신도선착장 초입 풍경 **02** 썰물에 드러난 서해안 갯벌 **03** 신도와 시도를 잇는 이차선 도로 **04** 시도의 갯벌 **05** 신도 앞바다의 조그만 샛길 **06** 삼목선착장으로 돌아가는 여객선

신도 시도 모도, 신시모도, 섬을 즐기다

신도는 시도와 모도를 연도교로 잇고 있다. 신도는 시도, 모도와 더불어 삼형제 섬으로 불리며, 신도와 시도 그리고 모도를 잇는 다리를 한 시간에 한 번 매시 30분에 버스가 오간다. 하지만 느긋하게 섬을 돌고 싶다면 자전거 여행을 권한다. 자전거는 신도선착장 바로 뒤편의 공용 자전거 대여 거치대에 30여 대 정도 비치되어 있으니 자전거를 빌려 타고 신도와 시도, 모도를 횡단하는 것도 섬을 즐기는 좋은 방법일 것이다.

신도선착장에 도착하면 저 멀리 고남마을이 보인다. 마을은 인천공항 초등학교의 분교가 자리 잡은 자그마한 모양새를 띠고 있다. 신도선착장에 들어서 찻길을 쭉 걷다 보면 첫 번째 집이 나오는데, 이 집을 지나 바로 오른쪽 길로 접어들면 바다 바로 옆에 샛길이 저 멀리 해변까지 이어져 있다. 왼쪽으로는 논과 밭이, 오른쪽으로는 너른 갯벌 모습이 사뭇 장엄해 보인다. 신도의 조용한 길을 걷다 조금 새로운 것을 보고 싶다면 버스 혹은 자전거를 타고 시도와 모도로 가 보자. 시도에는 바닷가에 세워져 있는 〈풀하우스〉와 〈슬픈연가〉 세트장이 있으니, 드라마를 즐겁게 본 사람이라면 방문해 보는 것도 좋다. 또한 모도에는 조각가 이일호 씨가 조성한 배미꾸미 조각공원이 있다. 김기덕 감독의 영화 〈시간〉을 촬영한 곳인 조각공원은 조각가 이일호 씨가 개인 작업 공간으로 사용하던 앞마당 잔디밭에 작품을 하나둘 두었던 것이 점점 늘어나 지금의 형태가 되었다. 전시 작품들은 대부분 성에 관련된 것들이라 조각품을 둘러싸고 예술과 외설의 설전이 오가기도 한다.

가깝고도 먼 섬, 신도. 그리고 모도와 시도를 도는 섬돌이 길에서 하루를 보내는 것은 어떨까? 서울에서 그리 길지 않은 시간을 들여 바다를 내 품에 안을 수 있다.

Editor Upgrade _이 바다를 너와 함께 걷고 싶다, 최화성

깊고 푸른 바다의 향기가 담긴 책이 있다. 어설픈 시인 박남준, 기괴한 시인 이원규 그리고 희극적인 소설가 한창훈. 전혀 닮은 게 없어 보이는 세 남자와 마을의 이야기를 찾아 전파하는 작가 최화성이 만나 매물도로 향한다. 그들이 3박 4일 동안 섬에 머물며 써내려간 이야기들은 문신처럼 새겨진 바다로 쓰여진다. 섬과 바다를 노닐며 너와 함께 걷고 싶은 바다를 그려 보자.

05 06

배다리 헌책방거리의 한산한 오전 풍경

책들이 하나의 풍경이 되는 곳,

배다리 헌책방거리

대하소설 토지(土地)를 쓴 소설가, 고(故) 박경리 작가가 배다리와 인연을 맺은 건 71년 전인 1948년으로 거슬러 올라간다. 당시 22살이었던 박 작가는 인천의 한 염전에 취직한 남편을 따라 배다리마을로 이사와 이곳에서 헌책방을 운영하며 이 년간 살았다. 오래된 헌책의 눅눅한 향기가 골목 가득한 곳. 박경리의 따스한 손길이 머물렀던 이곳은 바로 인천의 배다리 헌책방거리다. 빛바랜 책장이 빼곡히 들어 찬 헌책방들 사이로 기웃기웃 발길을 옮겨 보자.

주소 인천광역시 동구 금곡로 18-10
찾아가는 길 서울 지하철 1호선 서울역 인천행 승차 → 동인천역 1번 출구 → 좌측으로 배다리 헌책방거리까지 약 812m 직진

01 고가도로 아래의 터널에 그려진 벽화
02 헌책방거리의 한가로운 벽화 풍경
03 동네 쉼터 Space 빔의 양철 로봇
04 배다리 헌책방거리 입구의 나비날다 책방

나만의 여행정보

빛바랜 책장을 넘기는 곳, 배다리

인천 배다리는 우리나라 최초의 개항장인 제물포항에서 선진 문물을 받아들이던 길목이었다. 개항장 일대의 외국인 조계지에서 밀려난 우리나라 사람들이 몰려와 살기 시작해 오늘에 이르렀는데, 그 모습이 세월의 무게가 쌓인 듯 낡은 풍경을 자아낸다. 배다리라는 지명은 옛날에 배가 닿았던 곳이라 하여 붙여진 이름으로, 배다리는 해방 직후 가난한 시절, 먹고살거리를 찾아 전국 각지의 사람들이 모여들어 성시를 이뤘던 곳이다. 당시엔 책이 귀하던 때라 배움에 목말랐던 지식인들이 갈증을 풀기 위해 찾았던 유일한 헌책방 골목이기도 하다. 그런 배다리에 헌책방이 들어서게 된 것은 1974년 무렵으로, 그 이후 30여 년이 넘게 책방거리로 전성기를 누렸다.

헌책방 집현전 내부 모습

보물창고 같은 헌책방의 풍경

지하철 1호선 동인천역에서 내려 1km 남짓 초라한 골목 어귀를 걷다 보면 저 멀리 배다리 삼거리 너머 헌책방거리가 보인다. 100년이 넘은 인천 창영초등학교 주변 일대가 배다리 헌책방거리로, 헌책방거리 너머에는 도시 미관을 살려 그려 놓은 벽화들을 볼 수 있다. 벽화 대부분은 창영초등학교 일대에 그려져 있는데, 고달픈 달동네의 삶과 철길 옆에서 살아온 창영동 할매 이야기에서 어린 학생들이 그린 그림들까지 가득 채워져 있다. 몇 안 되는 벽화를 구경하고 다시 배다리거리로 향해 보자. 지금도 십여 곳의 헌책방과 함께 크고 작은 문구점, 중국요리집, 사진관, 여인숙이 성업 중이다. 헌책방거리를 걸으며 서점 안을 들여다보면 어디서 구했는지 헌책이 수북하게 깔려 있는 것을 볼 수 있다. 책값은 가게에 따라 다르지만, 책 대부분이 정가의 반값으로 팔려나간다. 책방에 들어서면 분류 없이 묶여 있는 책이 가득하고, 책을 들고 와서 파는 사람들과 구하기 어려운 책을 찾아 책방을 열심히 뒤지는 이도 있다. 책방은 세월의 두께가 덮인 보물창고 같아서 보고 있으면 잔뜩 사고 싶은 풍경이다.

잊혀져 가는 옛것과의 재회, 배다리. 서울 도심에 자리 잡은 대형 서점과 인터넷 서점들의 등쌀에 지방의 서점들은 한없이 위축되고 있지만, 무엇과도 바꿀 수 없는 옛 학창 시절의 추억과 우리 부모님의 그때 그 시절을 살펴보고 싶다면, 한번쯤 이런 헌책방을 찾아보는 것은 어떨까?

Editor Upgrade _ 토지, 박경리

한국 문학사의 기념비적 작품 《토지》. 1969년에서 1994년까지 26년 동안 집필된 토지는 구한말에서 일제강점기를 거쳐 해방까지 무구한 역사적 사건과 민중들의 삶이 고스란히 담겨 있다. 소설로 쓴 한국 근대사 《토지》의 작가 박경리는 1948년부터 2년간 배다리에서 헌책방을 경영했다. 그녀의 숨결이 녹아 있는 토지를 읽으며, 삶의 터전이었던 배다리에서 놀아 보는 것은 어떨까.

배다리의 새로운 도약, 아벨서점

오랜 세월 전성기를 구가하던 책방은 이제 몇 안 남기고 모두 문을 닫았다. 대형 서점과 온라인 서점의 물량 공세 앞에서 쓰러진 곳이 배다리뿐만은 아닐 것이다. 하지만 이제 배다리는 단순히 헌책방 골목에 머물지 않고 인천의 명물 거리에서 인천의 복합 문화공간으로 발돋움하고 있다.

배다리 재도약의 중심엔 아벨서점이 있다. 1947년에 개업한 아벨서점은 쇠퇴해가는 헌책방의 맥을 꿋꿋이 지켜내고 있는 배다리의 터줏대감으로, 오랜 역사만큼 다양한 고서적을 보유하고 있다. 서점은 옆에 주로 전문서적을 구비한 아벨전시관을 함께 운영하고 있다. 아벨전시관 2층에 있는 시 다락방에서는 정기적으로 책 전시를 하고 있으며 매달 마지막 주 토요일 오후 2시에 시인과의 만남, 시 낭송회를 여는데, 이런 문화 프로그램 등을 통해 배다리를 알리고 복합 문화 마을로 재도약하려고 한다. 배다리의 느긋한 헌책 사이를 방황하다 아벨의 문화 프로그램에 참여해 보자.

배다리 재도약의 중심, 아벨서점

주소 인천광역시 동구 금곡로 5-1 **전화번호** 032-766-9523 **이용시간** 평일 09:00~20:00, 일요일 12:00~19:00 (매월 두 번째·네 번째 주 목요일 휴무) **SITE** cafe.naver.com/abelbook **찾아가는 길** 서울 지하철 1호선 동인천역 1번 출구 → 좌회전 후 배다리 헌책방거리까지 약 812m 직진

커피 향 그윽한 북한강 옆,

왈츠와 닥터만

고즈넉한 풍광을 벗 삼아 커피를 마시고 싶을 때가 있다. 따뜻한 커피에 몸을 녹이고 싶은 계절이 오면 나는 아담한 한국 산의 정취를 느낄 수 있는 남양주로 향한다. 서울에서 멀지 않은 그곳, 한 발짝만 디디면 새로운 세상이 펼쳐지는 공간이 남양주다. 남양주로 향하는 길목인 북한강 변에 빨간 벽돌로 지어진 건물, 마치 중세의 성을 보는 듯한 국내 최초의 커피 박물관 왈츠와 닥터만이 있다.

주소 경기도 남양주시 북한강로 856-37
전화번호 031-576-0020
이용시간 11:00~18:00(마지막 입장은 5시)
이용요금 대인 5,000원, 소인 3,000원
SITE wndcof.org
찾아가는 길 서울 지하철 중앙선 회기역 승차 → 운길산역 2번 출구 → 30m 직진 후 건너편 운길산역 정류장에서 56, 167번 버스 승차 → 남양주종합촬영소 정류장 하차 → 왈츠와 닥터만 커피 박물관까지 약 200m 이동

붉은 성채를 연상시키는 왈츠와 닥터만 전경

나만의 여행정보

03 04

01 운길산역 앞으로 펼쳐진 북한강
02 북한강 변의 자전거 도로
03 햇볕이 든 왈츠와 닥터만 표지판
04 박물관 입장권을 파는 빨간 버스

국내 최초의 커피 박물관을 찾아가다

왈츠와 닥터만은 국내 최초의 커피 박물관이다. 박물관의 시작은 1989년으로 거슬러 올라가는데, 박물관장인 박종만 씨가 냈던 커피하우스 '왈츠'가 그 시발점이다. 박종만 관장은 이후 커피 재배 연구를 개시하고 커피 제조 공장을 운영하다 2006년 커피를 체험하고 소통하는 공간을 만들기 위해 커피 박물관을 세웠다. 왈츠와 닥터만은 그가 설립한 왈츠 코리아와 그의 별명 닥터만의 합성어이다.

경춘선을 타고 운길산역에 들어서면 너르게 펼쳐진 북한강이 보인다. 운길산역은 팔당역 다음 역으로 예봉산을 관통해 나오는데, 역사에서 바라보는 북한강의 모습도 꽤 아름답다. 운길산역에서 나오면 길 건너 바로 북한강이 드넓게 펼쳐져 있다. 북한강 너머엔 아담한 매봉산이 자리 잡고 있고 그 밑으로 남한강과 북한강의 물이 만나는 양수리가 있어 강 건너 바라보는 경치가 사뭇 웅장하게 느껴지기도 한다. 역에서 나와 길을 건너면 바로 버스를 탈 수 있다. 167번 버스를 타고 10여 분 이동하면 저 멀리 남양주종합촬영소와 왈츠와 닥터만 커피 박물관이 보인다.

붉은 성채 속에 고스란히 녹아 있는 커피 향기

왈츠와 닥터만은 붉은 성채를 연상시킨다. 박물관은 총 5개의 관으로 구성되어 있다. 2층에는 1관 커피의 역사, 2관 커피의 일생, 3관 커피의 문화, 4관 미디어 자료실이 있으며, 3층에는 5관 커피 재배 온실이 있다. 특히 5관 커피 재배 온실에서는 한국산 커피나무를 재배하는데, 커피묘목부터 커피열매까지 전 생장 과정을 직접 볼 수 있고, 커피에 관한 다양한 이야기도 들을 수 있다.

박물관에는 각국의 품종별 생두 등 커피콩의 모든 것이 전시되어 있다. 매시 정각과 30분에 자신이 원하는 종의 커피를 선택해 그라인더에 갈고, 필터에 직접 물을 부어 시음해 볼 수 있다. 또한 3층 재배 온실 앞에선 더치커피도 마셔볼 수 있으니 커피 애호가에겐 참 즐거운 공간이다. 직접 내린 커피를 시음하며 박물관의 아랍 커피 탐험대 영상을 관람하고 박물관을 둘러보자. 커피의 역사에 관한 자료는 단순하고 알아보기 쉽게 정리되어 있고, 아무 생각 없이 마시는 커피의 일생과 문화도 알찬 구성으로 전시되어 있다. 다른 공간에서는 거의 언급하지 않는 한국 커피 역사 또한 자세하게 정리되어 있으니, 커피에 관심 있는 사람이라면 한 번 살펴볼 만하다. 왈츠와 닥터만에서는 박물관 외에도 다양한 프로그램을 운영한다. 바리스타를 위한 전문 커피 교육이 시행되고 있으며, 매주 금요일 밤 8시에는 '닥터만의 금요음악회'가 열린다. 어렵게만 느껴지는 클래식 음악을 자세한 설명과 함께 즐길 수 있는데, 국내외 실력 있는 연주자들을 초청해서 진행하는 연주인 만큼 사전 예약은 필수다.

왈츠와 닥터만 1층에는 병풍처럼 둘러진 앞산을 바라보며 북한강에서 피어오르는 물안개의 정취를 느낄 수 있는 레스토랑이 있다. 레스토랑에서는 주문과 동시에 볶아져 나오는 26종의 커피를 맛볼 수 있고, 원하는 만큼 리필도 가능하다. 흰머리 희끗희끗한 지배인의 정중한 대접을 받으며 마시는 커피 한잔에서 마음의 위안을 얻을 수 있다.

진한 커피 향이 그리울 때, 북한강을 걸으며 잠시 지친 마음을 내려놓고 싶을 때 왈츠와 닥터만을 찾는 것은 어떨까?

01 왈츠와 닥터만 박물관 입구 **02** 왈츠와 닥터만 커피 탐험대가 다녀온 한국 다방 여행의 흔적들 **03** 커피 추출 체험을 위한 소품 **04** 직접 내려 시음해 보는 커피 **05** 진열되어 있는 원두

Editor Upgrade _닥터만의 커피로드, 박종만

커피에 미친 남자 닥터만. '한국 최초의 커피 박물관' 박종만 관장이 아랍과 유럽으로 떠난 커피 여행. 《닥터만의 커피로드》는 2007년 에티오피아에서 시작된 아프리카 여정에 이어 커피의 전파 경로와 유통 경로, 경작과 교역의 역사를 따라 아랍과 유럽을 누빈 이야기를 다루고 있다. 커피를 마시는 사람들의 삶의 내음이 묻어 있는 이야기를 읽으며 왈츠와 닥터만으로 떠나 보자.

높은 층고에 우드슬랩 나무판들이 줄지어 있는 내부 전경

가구 전시장 속 카페,

GHGM

목공 카페인 GHGM은 짧은 여행길의 느낌이 나는 한적한 도로에 자리 잡고 있다. 낯설고 외진 곳은 아니면서 복잡한 곳과는 떨어져 있는 것 같아 여유롭다. 잠시 바람을 쐬고 싶거나 고즈넉한 분위기 속에서 차를 마시고 싶다면 들러볼 만한 곳이다.

주소 경기도 용인시 수지구 동천로 287
전화번호 031-263-3007 ,010-5833-3007
이용시간 매일 11:00~20:00(화요일 휴무)
이용요금 아메리카노 5,000원 외 기타 음료
SITE http://www.ghgm.co.kr
찾아가는 길 서울 지하철 → 5500-2 (서울역 버스환승센터 5) 승차 후 → 신봉중고등학교, 신봉동일하이빌 4단지 정류장에서 하차 300m 걷기 → 17-1 (신봉센트레빌 6차) 승차 후 → 대성공정 정류장에서 하차 GHGM 카페까지 약 27m 걷기

휴식 같은 가구 전시장

카페 입구에는 높은 온실 건물이 시선을 사로잡는다. 그 옆으로 군더더기 하나 없이 깔끔한 카페 간판이 무심한 듯하면서도 부담스럽지 않게 손님을 맞는다. 카페 문을 열고 들어가면 너른 공간이 펼쳐지고, 한쪽 옆에 세워진 우드슬랩 나무판들이 눈에 띈다. 투박하면서도 멋스러운 우드슬랩들은 비슷한 모양이 아니라 나무 본연의 모습을 그대로 간직하면서 각기 다른 개성을 드러내고 있다.

GHGM의 우드슬랩은 말 그대로 순수한 나무의 단면이다. 일부 가구점들은 우드슬랩처럼 보이게 하려고 모서리에 다른 나무를 덧붙이는 경우가 있는데 GHGM의 나무판들은 그렇지 않다. 그렇기에 편안하면서도 자연스럽게 나무 본연의 모습을 잘 드러내면서 멋스러움을 갖추고 있다.

01 차를 마시며 쉴 수 있는 매장 밖의 정원
02 온실과 단아한 모습의 입구 전경
03 전시장으로 준비 중인 온실과 숲을 바라보며 한적함을 느낄수 있는 테이블
04 정원에 놓여 있는 다양한 테이블의 모습

01

02

나만의 여행정보

03 04

01
02

아트피스가 아닌 생활가구를 위한 디자인

GHGM의 제품들은 정제된 아름다움을 가지고 있지만 아트피스보다는 디자인적 요소가 있는 생활가구를 추구한다. 보기에는 멋지지만 사용하기에는 불편한 가구보다는 쓰기 좋고, 경고하며, 실용적이면서 아름다움도 충족시킬 수 있는 가구를 만들고 있다. GHGM이 '굿핸드 굿마인드'의 약자인 것처럼 내가 사용하고 싶은 가구를 만드는 것을 중요하게 생각한다.

그런 마음이 담긴 가구들이 1층에 가득한데, 직접 앉아 볼 수도 있고 테이블에서 차를 마실 수도 있다. 저마다 다른 모습의 테이블들이 평범한 카페가 아니라는 것을 느끼게 해 준다. 내가 사용하고 싶은 따뜻한 나무의 감성을 그대로 느낄 수 있는 실용적인 곳이다. 카페에 가만히 앉아 있노라면 이런 가구 하나 들여놓고 싶다는 생각이 저절로 든다.

2층에 있는 GHGM만의 전시장은 그런 마음을 더욱 일렁이게 만드는 곳이다. 1층 곳곳에 있던 나무로 된 소품들과 작품들이 전시되어 있어 부담없이 구경하는 재미도 쏠쏠하다.

나무의 모습을 그대로 품고 있는 도마와 컵 받침, 쟁반 등의 실용적인 소품들도 있지만 귀여운 자동차나 기하 형태 모양의 장식품들도 진열되어 있다. 그리고 큰 창문을 통해 뒷마당으로 가면 나무들이 빼곡히 둘러싸고 있는 아담하고 한적한 공간이 펼쳐진다. 가구도 보고, 차도 마시면서 바람 쐬러 오면 좋겠다는 주인장의 마음이 곳곳에 녹아 있는 공간이다.

01 우드슬랩과 가구가 한눈에 보이는 전경
02 2층에 전시되어 있는 다양한 가구들과 소품
03 창가에 멋스럽게 놓여 있는 가구, 손님이 와서 차를 마실 수도 있다.
04 판매되고 있는 다양한 나무 소품들

SEOUL

1hour
Gyeonggi-do

2hours
Incheon

3hours
Daejeon

세 시간, 책 한 권을 읽다

나는 느지막한 금요일 밤이면 괜히 고향 집으로 향하는 기차를 찾았다. 초점이 흐려진 발걸음 사이로 어둠의 장막이 내려앉을 때면 더더욱 익숙한 것이 그리웠다. 나는 기차를 타고 세 시간의 거리를 주파하며 책 한 권을 읽었다. 가는 데 절반, 오는 데 절반. 세 시간이면 책 한 권이 내 여행을 설명하고도 남았다.

* 소요시간은 편도를 기준으로 합니다.

양벌리의 랜드마크가 되어 버린,

오라운트 Ora\Und

양촌 사거리 부근은 우리에게 익숙한 광경을 지닌 공간이다. 시외에서 쉽게 볼 수 있는 농협이 있고, 동네의 통닭집이 있으며, 넓은 주차장을 가진 고깃집들이 있다. 국도를 따라서 달리다가 시내에 들어섰을 때의 익숙한 풍경이다. 그리고 그런 풍경에 어울리면서도 눈에 띄는 빨간 벽돌 4층 건물이 있는데 그곳이 바로 오라운트다.

주소 경기도 광주시 오포읍 양벌로 320-4
전화번호 031-762-3793
이용시간 11:00~23:00
이용요금 아메리카노 4,000원, 싱글오리진 6,900원(기타 가격 정보는 별도 확인)
SITE oraund.com
찾아가는 길 서울역 지하철 승차 → 동대문역사문화공원역에서 2호선 환승 → 잠실역에서 하차 → 잠실역 6번 출구로 나오기 → 잠실역. 잠실대교. 남단 정류장까지 약 35m 걷기 → 1117(잠실역. 잠실대교. 남단) 승차 → 양벌1리. 매곡초등학교 정류장에서 하차 → 오라운트까지 약 182m 걷기

공장의 흔적이 남아 있는 오라운트의 외부 전경

좋은 생두를 소개하는 커피 전문점

오라운트는 원래 십 년 이상 오래된 공장 건물이었는데, 리뉴얼해서 베이커리 카페를 만들었다. 건물 외관은 거의 건드리지 않았고, 벽면에 눈에 띄도록 오라운트 이름을 칠하고 눈에 띄는 선명한 보라색 문을 달았다. 손잡이는 에스프레소 머신의 포타필터를 달아서 전문적으로 커피를 판다는 것을 드러낸다. 문을 열고 들어갔을 때 단연 눈에 띄는 것은 현관의 왼편에 자리 잡고 있는 커피를 로스팅하는 기계이다. 그리고 그 옆에는 콜드 드립 브루잉하고 있는 수십 개의 커피들을 볼 수 있다. 원두에 어울리는 최적의 방법을 찾기 위한 오라운트의 커피 연구실이다.

오라운트가 다른 카페들과 다른 점은 계속 새로운 원두를 찾아다닌다는 것이다. 커피 대회 등에서 새롭고 괜찮은 생두가 있는지 지속적으로 찾고, 다른 카페에서 괜찮은 커피를 발견하면 협의해서 소개하기도 한다. 좋은 생두를 발견하면 커피를 마셔 보고 좋은 브루잉 방법을 테스트해서 가장 좋은 방법을 찾아 소개한다. 그래서 2주에 한 번씩 생두를 바꾸고 생두에 맞는 적절한 추출 방법으로 커피를 판매한다. 언제는 사이폰을 쓰기도 하고 언제는 프렌치프레스를 쓰기도 하며 때로는 에어로프레스가 놓여 있을 수도 있다. 그래서 커피 종류만이 아니라 커피를 추출하는 방법에 대한 것도 다양하게 접할 수 있다.

01 입구에 들어서면 마주하는 커피나무
02 공장 골조 그대로의 느낌을 살린 2층으로 올라가는 계단
03 넓은 오라운트 내부 전경

01 02

커피와 문화의 만남

넓은 공장을 리뉴얼했기 때문에 높은 천장과 너른 공간이 시원한 느낌을 준다. 기존의 환경과 어울리도록 요즘 유행인 인더스트리얼 인테리어를 적용했다. 보기에는 투박함이 살아 있지만 음식을 파는 카페인 만큼 벽면의 마감은 꼼꼼하게 되어 있어서 위생적인 부분은 걱정하지 않아도 된다. 1층은 생두를 취급하는 카페의 아이덴티티를 드러내듯 생두 포대가 한쪽에 쌓여 있는데, 마치 일부러 인테리어를 한 듯 잘 어울린다.

2층은 좀 더 다양한 분위기를 갖고 있다. 마치 캠핑을 온 것 같은 분위기의 좌석도 있고, 사막의 느낌을 낸 좌석도 있다. 그리고 벽면에는 작품들이 걸려 있는데 이것은 단순한 인테리어가 아니라 한 분기마다 작가를 초빙해서 진행하는 전시회이다. 작가의 작품들을 우리에게 익숙한 카페로 끌어들여 카페라는 곳이 단순히 음료수를 파는 곳이 아니라 문화를 즐기는 곳임을 알려주고 있다.

지역 주민과 함께하는 카페

한 달에 한 번, 매달 셋째 주 토요일에는 양벌리 주민들과 함께하는 플리마켓이 열린다. 플리마켓이 열리면 푸드 트럭도 오고 셀럽들도 와서 꽤 흥겨운 분위기가 조성된다. 특히 주말은 주중보다 많은 사람들이 찾기 때문에 카페의 모든 테이블이 거의 다 찬다고 한다. 먼 거리에서 오는 방문객들은 위해 주말에는 뒤쪽 주차장을 개방하고, 평일에는 지역 주민들이 주로 사용할 수 있도록 도로와 인접한 앞에만 개방해 놓고 있다.

좋은 커피를 소개하겠다는 취지에 맞게 2주마다 카페의 생두를 바꾸는데 만약 커피에 대해서 설명을 듣고 싶으면 바에 앉는 것을 추천한다. 바에 앉으면 생두의 특징과 추출 방법에 대한 설명을 들을 수 있다. 내가 마시는 커피에 대해서 좀 더 알게 된다면 커피를 더욱 즐길 수 있을 것이다. 볼트의 머리를 닮은 오라운트의 로고처럼 커피를 매개로 해서 사람과 사람과의 관계를, 지역 주민과 외지인들의 관계를, 문화와 감성을 연결해주는 곳이 아닐까?

01

나만의 여행정보

01 넓은 테이블과 작가들의 작품이 전시된 2층 전경
02 분위기를 한층 살리는 메인 조명
03 야외 캠핑장 느낌을 살린 2층
04 사막의 분위기를 낸 2층 한쪽 코너
05 오라운트 커피의 향을 물씬 느낄 수 있는 에스프레소

탁 트인 문릿의 전경

여행 기분이 느껴지는 카페,

문릿 Moonlit

터를 잡은 지 얼마 되지 않아 손수 하나둘씩 꾸며가는 곳, 서울 근교, 차를 마시면서 여유로이 여행 와 있는 기분을 느끼게 해 주는 곳이 있다. 조그마한 개천 쪽에 놓인 빈백 소파에 반쯤 누워 편히 쉴 수도 있고, 하늘 높은 루프탑에서 무엇 하나 걸리지 않는 하늘을 느낄 수 있는 곳, 한적한 나만의 여행을 원한다면 문릿으로 향해 보자.

주소 경기도 양평군 용문면 마룡용담 2길 66
전화번호 010-5047-1880
이용시간 10:00~21:00
이용요금 아메리카노 5,500원 외 기타 가격 정보 별도 확인
site www.instagram.com/cafe_moonlit/
찾아가는 길 서울역 1호선 승차 → 회기역에서 경의중앙선 환승 → 용문역에서 하차 → 용문역 2번 출구(초행길의 어려움과 걷는 길이 멀 수 있으므로 택시를 타는 것도 방법) 나와서 용문축협 정류장까지 약 318m 걷기 → 1-3(용문축협) 승차 후 → 마룡삼거리 정류장에서 하차(문릿까지 약 1.2km 걷기)

오래되었지만 새로운 공간

이곳은 20년 전부터 펜션이 있던 곳이다. 오래된 곳이었지만 위치나 환경이 좋아 그냥 두기엔 아까워 주변 정리를 하고 카페로 꾸며서 2018년에 카페 문릿이 오픈했다. 전문가를 불러서 꾸민 것은 아니었지만 오랫동안 익숙하고 그만큼 잘 아는 공간이었기 때문에 이곳에 어울리도록 하나하나 직접 카페를 꾸몄고 아직도 계속 조금씩 다듬어지고 있는 중이다.

바닥에는 푸른색의 인조 잔디가 시원하게 깔려 있고 테이블과 천막들이 획일적이지 않은 모습으로 놓여 있다. 주말에는 사람들이 너무 많이 와서 모든 테이블들이 다 찬다는데 그렇다면 테이블을 더 늘리고 밀도를 높여서 카페를 운영할 법도 하지만 테이블 간 거리에 충분한 여유를 두어 한적함을 느낄 수 있다. 마치 어느 휴양지의 정원에 앉아 있는 듯한……,

카페 옆에는 용문천이 흐르는데, 그 앞에는 편하게 기대 앉을 수 있는 빈백들이 놓여 있어 시원한 커피를 마시면서 눈앞의 풍광을 즐길 수 있다. 높은 천막 아래에 빈백 소파들이 놓여 있는데 절반은 실내 공간에 놓여 있어 더운 여름에도 시원하게 앉아 있을 수 있다. 만약 푸른 하늘과 좀 더 가까이 있고 싶다면 루프탑에도 좌석이 마련되어 있으니 펜션 건물 옥상으로 올라가면 된다. 물론 루프탑도 천으로 지붕을 만들어 놓았기 때문에 햇볕을 피할 수 있다.

01

01 빈백이 여유로운 자리
02 획일적이지 않은 다양한 모양의 테이블들
03 용문천을 따라 걸을 수 있는 작은 산책길
04 밤이 되면 켜지는 귀여운 조명

01
02

짧은 여행을 위한 카페

서울 근교의 야외 카페이지만 문릿에 앉아 있으면 여행을 와 있는 기분이 든다. 여유로운 공간과 주변의 풍경들은 현재의 시간을 잊게 만들고 현실의 문제에서 한 발자국 떨어질 수 있도록 만들어준다. 그늘진 테이블에 앉아서 책을 읽어도 괜찮고, 음악을 들어도 좋으며, 그냥 아무것도 하지 않고 멍하니 앉아서 주변을 둘러보는 것만으로도 좋다. 조용히 흐르는 개천 물소리, 바람이 나뭇가지를 흔드는 소리와 새소리들은 그 자체만으로도 훌륭한 배경 음악이 된다.

최대한 예쁘게, 사람들이 오고 싶어하는 공간으로 꾸미고 싶었다는 카페 대표의 말처럼 편하고 아늑한 느낌이 공간 곳곳에 드러나 있으며 돌보는 사람의 애정이 느껴진다. 카페 문릿에 와서 커피 한잔을 마시고 나면 삶의 행복감을 느낄 수 있을 것이다.

01 빈백이 놓여져 있는 실내 공간
02 용문천을 바라보며 앉아 있을 수 있는 곳
03 돌길 끝에 있는 문릿 커피 주문대

01 하늘이 보이는 루프탑
02 여럿이 놀 수 있는 축구장
03 아래에서 본 루프탑 모습

자연을 품은 휴식터

문릿의 전체 공간이 넓기 때문에 혼자 조용히 있고 싶다면 구석의 외진 테이블도 찾을 수 있다. 이 넓은 곳에 함께 있는 펜션도 운영하고 있는데, 펜션에 묵으면 수영장을 이용할 수 있다. 축구장도 있어서 단체로 와도 놀거리가 충분하다. 야외 카페이다 보니 겨울에는 카페 운영을 하지 않는다고 한다. 야외이지만 편하게 있을 수 있는 실내 공간에 대해서 계속 고민을 하고 있고, 조금씩 꾸미고 있다고 하니 내년의 모습은 올해와는 다를지도 모르겠다. 서울에서 멀지 않으면서 현실에서 잠시 벗어나 있고 싶을 때 카페 문릿에 들린다면 편안함과 위로를 받을 수 있을 것이다.

나만의 여행정보

자연을 벗 삼아 혼자 걷기 좋은 곳,

청평사

오래전 경춘선을 타고 떠나야만 했던 호반의 도시 춘천은 이제 한 시간이면 도달할 수 있는 가까운 도시로 변모했다. 봄 춘(春), 내 천(川). 봄이 오는 시내는 서정적인 아름다움을 간직하고 있다. 아름다운 호수와 푸근하게 도시를 감싸는 산들, 소양강댐과 의암댐에서 흘러나오는 물줄기가 안개가 되어 춘천 호반을 감싸 안을 때면, 춘천은 한 점의 수채화가 된 듯한 풍경을 만들어낸다. 멀고도 가까운 도시, 춘천으로 가 보자.

청평사 내에서 본 새하얀 설경

주소 강원도 춘천시 북산면 오봉산길 810
전화번호 소양호 선착장(033-242-2455), 청평사(033-244-1095)
이용시간 청평사행 배 시간 10:00~16:00, 소양강댐행 배 시간 10:30~16:30(한 시간 간격(주말엔 30분 간격))
이용요금 소양강댐~청평사 배 왕복요금 어른 6,000원, 어린이 4,000원, 청평사 입장료 2,000원
SITE cheongpyeongsa.co.kr
찾아가는 길 서울 지하철 중앙선 청량리역 승차 → 상봉역에서 경춘선 환승 → 춘천역 하차 → 춘천역 정류장에서 12, 11번 버스 승차(휴일은 15번 버스도 이용 가능) → 소양강댐 정상 정류장 하차 → 200m 직진 후 소양호 선착장으로 이동 → 청평사행 배 탑승

01 한겨울에도 많은 사람을 나르는 소양호 선착장
02 청평사로 향하는 유람선
03 소양호의 물살을 가로지르는 유람선
04 안개에 잠긴 소양강댐
05 소양강댐에서 선착장으로 가는 눈 덮인 길목

물 위의 길을 건너 떠나는 청평사 길

목적지는 청평사였다. 청평사는 973년(고려 광종 때) 세워진 절로 오봉산 기슭에 위치해 있다. 절은 작고 단아한 모양새를 하고 있는데, 절까지 이어지는 계곡 길이 아름답다. 잘 정리된 아담한 길은 계곡물을 끼고 이어지는데, 푸른 숲과 계곡이 깊은 침묵을 더해 준다. 길과 계곡이 나란히 계속되어 길을 가다 쉬고 싶으면 계곡으로 내려가 쉬면 그만이다.

절에 오르는 길은 사시사철 다른 모양새를 띤다. 봄엔 푸른 숲길을 끼고 이어지는 계곡물이 겨울잠에서 깨어나고, 여름엔 우거진 산록이 푸릇한 녹음을 발산해내며, 가을엔 빨갛고 노란 단풍이며 은행이 길을 덮는다. 그러나 청평사에 오르는 길은 겨울이 가장 아름답다. 하얀 눈이 온 세상을 뒤덮을 때면, 청평사는 순백의 적막에 젖는다.

04

05

소양호 너머 적막한 청평사에 오르기

춘천역에서 소양강댐 정류장으로 향하면 넓은 강이 시야에 들어온다. 소양강댐 선착장에서 청평사는 가까운 거리인데, 잠깐 시간을 내 소양호의 멋진 풍경을 감상하는 것도 좋을 듯하다. 소양강댐 선착장에서는 매시 정각(주말엔 30분 간격)에 출발하는 배가 있다. 배를 타고 청평사 선착장까지는 약 15분이 소요되는데, 그 짧은 순간이면 소양호의 아름다운 풍경을 마음껏 음미할 수 있다.

소양호는 아담한 산들을 품어낸다. 바람이 없는 날에는 수면이 고요히 멈춰 있어 물 안으로 비춰 보이는 듯한 산맥이 무척 아름답다. 15분 동안 털털거리는 조그만 유람선을 타고 호수를 넘어가면 청평사 선착장이 보인다. 선착장이라고 해 봐야 배를 댈 수 있는 조그만 부두가 유일하다.

선착장에서 청평사까지 가려면 완만한 산길을 약 40분 걸어 들어가야 한다. 청평사로 올라가는 길에서는 공주와 공주를 사랑한 상사뱀의 슬픈 설화가 담긴 조각상도 만날 수 있고, 오밀조밀 길을 따라 흐르는 계곡물을 벗 삼을 수도 있다. 계곡을 따라 어느 정도 가다 보면 길 바로 옆에 두 줄기 폭포수가 떨어지는 풍경을 보게 된다. 그 폭포 바로 위에 더 큰 폭포가 있다. 아래 폭포는 쌍폭, 위 폭포는 구성폭포라고 부르는데 그 모습이 가히 절경이다. 그래서인지 오래된 절 길을 오르다 보면 마음이 차분해지는 것을 느낄 수 있다.

01 청평사에 오르는 계곡 길
02 청평사 선착장에서 청평사로 오르는 길
03 고즈넉한 청평사 전경

03

청평사는 오봉산을 배경으로 서 있는 아담한 사찰이다. 규모 자체는 그리 크지 않지만, 사찰 건물들이 옹기종기 다양한 형태로 세워져 있는 것이 참 예쁜 절이다. 고풍스런 사찰은 처마며 서까래며 다들 원색의 색깔을 뽐내느라 바쁘다.

문득 호젓한 산길을 걷고 싶을 때 청평사로 가보는 건 어떨까? 기차와 버스, 배를 갈아타야 하는 번거로움은 있지만, 그만큼 다양한 풍경을 바라볼 수 있을 것이다. 자연의 다양한 풍경을 감상하고 싶다면 사계절이 아름다운 소양호의 청평사로 떠나 보자.

나만의 여행정보

01 김유정문학촌 내부 모습
02 김유정문학촌 외부 풍경
03 전통적인 멋을 뽐내는 김유정역

김유정문학촌
주소 강원도 춘천시 신동면 김유정로 1430-14 김유정문학촌
전화번호 033-261-4650
이용시간 09:30~17:00(동절기), 09:00~18:00(하절기)(1월 1일, 설날 및 추석 당일, 매주 월요일 휴관)
이용요금 2,000원(개인 일반), 1,500원(20인이상 단체)(신분증 소지한 춘천시민 50% 할인, 중복할인 불가
SITE http://www.kimyoujeong.org
찾아가는 길 서울 지하철 중앙선 청량리역 승차 → 상봉역에서 경춘선 환승 → 김유정역 하차 → 도보로 5분 거리

김유정의 혼이 담긴 김유정문학촌

청량리에서 춘천 가는 길목엔 아담하고 작은 역사가 하나 있다. 멋스러운 한옥 형태로 지어진 김유정역인데, 소설가 김유정의 고향이자 작품 배경 무대가 있는 실레마을 길 주변에 있다 하여 김유정역이라 이름을 붙였다. 김유정역에서 걸어서 도보로 5분 거리엔 김유정문학촌이 있다. 문학촌은 한국의 대표적인 단편 문학 작가 김유정의 문학적 업적을 알리고, 그의 문학 정신을 계승하기 위해 고향인 실레마을에 조성된 문학 공간이다. 마을 곳곳에는 작품에 나오는 지명을 둘러보는 문학 산책로가 조성되어 있고, 당시 모습대로 복원한 작가의 생가와 문학전시관 등이 설치되어 있다.

서울에서 한 시간, 봄이 오는 시내, 춘천. 김유정의 문학 세계와 호반길의 아름다움에 젖으러 한걸음에 달음박질해 보자. 사실 춘천은 그리 멀지 않은 곳에 있다.

03

Editor Upgrade _가장 보통의 존재, 언니네 이발관

각각의 내러티브를 갖춘 열 개의 이야기가 하나의 울림으로 완성되는 앨범, 〈가장 보통의 존재〉. 언니네 이발관의 5집 앨범 〈가장 보통의 존재〉는 각각의 풍경과 이야기들이 열 곡의 드라마로 담겨 있다. 보통의 존재로 살아가야 하는 당신의 이야기를 배경음 삼아 홀로 춘천으로 발걸음을 내디뎌 보자.

오후 3시의 햇살이 살짝 들어온 카페 이층의 내부 모습

주소 충청남도 예산군 예산읍 임성로 29
전화번호 041-331-1478
이용시간 12:00~22:00 (월, 화 휴무)
이용요금 아메리카노 4,000원, 코스타리카·케냐AA·수프리모 5,000원, 과테말라·안티구아 6,000원, 공정무역커피 5,000원
SITE cafe.naver.com/co2fee
찾아가는 길 서울 센트럴시티터미널 승차 → 예산종합터미널 하차 → 예산종합터미널 앞 정류장에서 430-1번 버스 승차 → 구 산업대학 정류장 하차 → 예산 새마을금고를 왼쪽에 두고 100m 직진 → 파리바게뜨 충남 예산점 사거리에서 좌회전 → 50m 직진 → 예산침례교회 맞은편 카페 이층

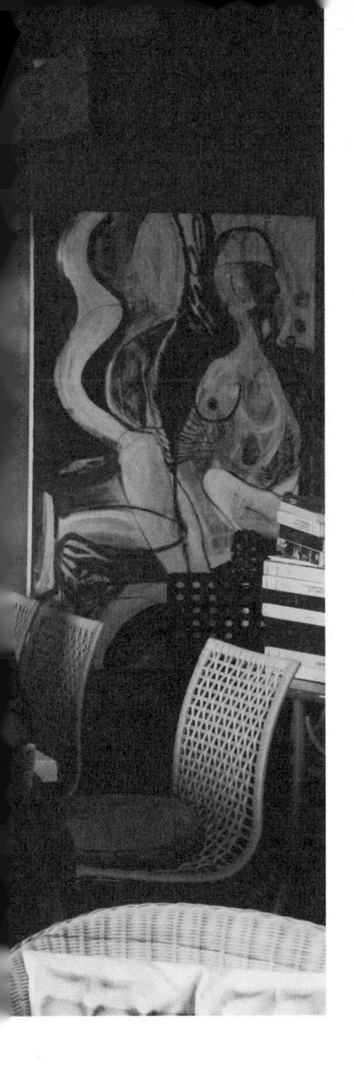

오늘 마신 커피가 가장 맛있습니다,

예산 카페 이층

예산은 충청남도 중부에 있는 조그만 도시로, 따뜻한 구릉에 새빨갛게 익은 사과가 유명하다. 조그만 예산의 읍내에 맛있는 커피 집이 하나 있다. 문을 열면 이상한 나라가 펼쳐질 것만 같은 공간. 어디에서나 볼 수 있는 시골 읍내의 풍경 속에 자리 잡은 카페이다. 오늘 마신 커피가 가장 맛있다는 카페, 이층. 진한 커피 향이 풍기는 예산으로 향해 보자.

01

이층(二層) 혹은 이층(異層)

카페 이층은 2009년 4월에 문을 열었다. 이층은 예산 읍내의 아기자기한 풍경 속에 있는데, 그 조그만 건물들 사이에 달려 있는 때 묻은 간판은 옛 다방의 분위기를 연상시킨다. 예산초등학교와 예산침례교회 너머의 읍내는 파리바게뜨와 그만그만한 상점들이 있는 조그만 번화가로 늦은 아침에 가게들이 하나둘 문을 열고, 오후 8시면 모든 불이 꺼지는 시골 풍경을 간직하고 있다. 카페 이층의 외관 또한 그 풍경에 녹아 있다. 이층의 1층엔 조그만 상점들과 주인(밥 아저씨)의 디자인 사무실이 있고, 2층엔 카페 이층이 있다.

이층에 들어서면 책장엔 시집과 다양한 장르의 책들이 한가득 꽂혀 있으며, 또 한쪽엔 오래된 레코드판이 빼곡하게 채워져 있어 예산과 낯선 세계를 이어주는 곳인 듯하다. 이층은 따뜻한 오후의 햇살을 받을 때가 가장 아름답다.

공간으로서의 이층을 탐하다

이층은 사람을 위한 공간을 지향한다. 이층의 밥 아저씨는 신문사 일을 오래 하다 나이가 먹을수록 깊어지는 커피 향을 느끼고 싶어서 이층을 열었다. 이층은 딱 일주일 내에 팔리는 원두의 분량을 한번에 볶아서 사용하는데, 대략 380g 정도다. 그래서인지 밥 아저씨의 커피는 확실히 신선하다.

카페 이층은 낯선 도시에서 누릴 수 있는 모든 여유가 가득한 공간이다. 책장 한편엔 시집과 사회과학 관련 서적, 커피 관련 서적, 소설 등이 가득하며 곳곳에는 다양한 미술 작품들이 전시되어 있다. 이층의 일상을 책임지는 대부분의 음악은 재즈풍으로, 스리슬쩍 이층을 가득 채운 오후의 햇살과도 어울린다. 또한 여행과 사진을 좋아하는 밥 아저씨와 독대해 이야기를 나누는 것도 좋고, 이층에서 기획하는 여러 강연을 접할 수도 있다. 이층은 조그만 동네 예산에서 또 다른 공간을 형성하고 있다.

02

03

01 밥 아저씨가 커피를 만들고 주문을 받는 공간
02 빼곡히 찬 이층의 서가
03 이층에서 가장 분위기 좋은 테이블

느지막한 밤의 풍경이 아름다운 이층

예산종합터미널이 있는 신도심과 카페 이층이 있는 구도심 사이에는 흔한 시골 풍경이 펼쳐져 있는데, 그 풍경은 마치 행간 사이의 여백처럼 자연스럽다. 읍내의 2층짜리 건물들 사이에서 이층을 발견하기란 그리 어렵지 않다. 예산침례교회 맞은편에 떡하니 이층으로 올라가는 나무 문이 있기 때문이다.

오후 9시면 닫는 이층에서 밖을 바라보면 밥 아저씨가 가장 좋아하는 풍경이 펼쳐진다. 오래된 한옥 처마 위에 얹힌 노란 가로등은 처마 위로 층층이 쌓여 옛 추억을 불러일으킨다. 이층을 나와 오래된 읍내의 한적한 가로등 길을 걷노라면 노랑 불빛이 길을 가득 채워 따뜻함이 느껴진다. 다만, 예산종합터미널의 버스는 오후 6시에 서울행 마지막 차를 떠나보내니 버스 대신 기차 시간이라도 꼭 확인하길 바란다.

갓 볶아서 직접 내린 커피를 마시며 옛 풍경이 묻어나는 곳에서 책과 음악을 곁들이고 싶다면, 예산의 이층을 찾아가 보자. 밥 아저씨는 오늘도 가장 맛있는 커피를 볶아내고 있을 것이다.

01

01 카페 이층의 내부 모습
02 카페 이층으로 향하는 조그만 문
03 손흘림 커피 이층 가게 표지판
04 핸드 드립 커피를 준비하는 밥 아저씨
05 이층의 드립 커피

Editor Upgrade _ 졸망제비꽃, 이윤학

간결하면서도 시적인 여운이 물씬 풍기는 문체로 우리가 멀리 떠나온 옛 시절의 풍경을 오롯이 되살려내는 이윤학의 장편 소설 《졸망제비꽃》. 그는 있는 듯 없는 듯 겨우 존재하기에 무심코 지나치는 것들에 대해 이야기한다. 때 묻지 않은 사춘기의 세계, 그 이면의 쓸쓸함과 우울함은 사실 가장 아름다운 모습일지도 모른다. 누구나 겪는 사춘기의 신열을 얼핏 느끼며, 나는 당신에게 지나간 예산을 선물하고 싶다.

나만의 여행정보

하얀 자작나무숲 사잇길로,

미술관 자작나무숲

강원도 횡성에는 빨강머리 앤을 떠올리는 하얀 자작나무숲이 있다. 어린 앤이 유년 시절을 보냈던 하얀 숲의 풍경은 횡성의 미술관 자작나무숲에서 그림처럼 펼쳐져 있다. 봄, 여름, 가을, 겨울 모두가 아름다운 자작나무숲, 앤의 일상으로 살짝 들어가 보자.

주소 강원도 횡성군 우천면 한우로두곡 5길 186
전화번호 033-342-6833
이용시간 10:00~일몰까지(공휴일, 7·8월을 제외한 수요일 휴관)(1~3월 11:00 개관, 화~목 휴관)
이용요금 성인 20,000원, 3~18세 10,000원(스튜디오 갤러리에서 음료 한 잔 이용 가능)
SITE jjsoup.com
찾아가는 길 서울 동서울종합터미널 승차 → 횡성시외버스터미널 하차 → 횡성시외버스터미널 건너편 정류장에서 2-3번(부곡 방면) 버스 승차 → 두곡리 정류장 하차 → 버스 진행 방향 반대편으로 50m 직진 → 사거리에서 논길 따라 우회전 → 2km 길 따라 직진

자작나무숲 사이로 보이는 미술관의 카페

01 원종호 갤러리로 올라가는 자작나무숲 길
02 미술관 자작나무숲 입구를 지나면 볼 수 있는 빨간 우체통
03 원종호 갤러리 외부 풍경

순백의 자작나무가 가득한 숲, 미술관 자작나무숲

자작나무는 남방 한계선이 북위 45도 정도인 추운 지방에서 자생하는 나무이다. 그런데 이렇듯 흔치 않은 순백의 나무가 강원도 횡성의 한 산골에 가득하게 들어서 있다. 미술관 자작나무숲은 강원도 횡성군에 있는 작은 카페와 게스트 하우스가 딸린 상설미술전시관이다. 미술관의 설립자 원종호 씨의 개인 스튜디오, 기획전시장, 상설전시장을 차례로 열어 2004년 5월부터 미술관으로 정식 개관했는데, 주변으로 자작나무 12,000여 그루가 있어 그 운치를 더한다.

꼬불꼬불 산길 따라 만나는 미술관 자작나무숲

사실 미술관 자작나무숲은 도로를 벗어나 횡성군 우천면 두곡리 둑실마을의 꼬불꼬불한 논길 옆에 있는데, 정말 이런 곳에 미술관이 있을까 싶을 정도로 외진 곳이다. 동서울종합터미널에서 버스를 타고 횡성시외버스터미널에서 내려 하루에 몇 차례 운행하지 않는 마을버스를 타고 나서면 횡성의 소박한 산골 풍경이 펼쳐진다. 횡성은 예로부터 산수가 청량하고 골이 깊어 수려한 자연 풍경으로 유명한데, 산야가 풍성해서인지 한우로도 유명하다.

횡성의 시골길을 따라 20여 분 버스를 타고 가다 두곡리 정류장에서 하차하면 이제부터 난관이 펼쳐진다. 미술관 자작나무숲은 산골 깊숙이 있어, 반듯하게 놓인 국도를 따라가다 꼬불꼬불한 산골과 논밭을 건너야만 도착할 수 있기 때문이다. 한적한 시골길을 따라 2km 남짓 걸으면 저 멀리 목조 주택 형태의 건물들과 하얀 자작나무숲이 보이기 시작한다. '미술관 자작나무숲'이라는 푯말을 따라 산길을 올라가면 비로소 미술관이다.

02

03

그림 이야기 속으로 펼쳐진 자작나무숲

자작나무숲에 들어서면 누군가를 기다리고 선 듯한 빨간 우체통 뒤로 세 채의 건물이 보인다. 봄과 여름의 자작나무숲은 풍성한 녹음에 둘러싸여 있는데, 가을과 겨울은 앙상한 가지에 백색 눈발이 그 순수함을 더한다. 나무껍질이 하얀 자작나무는 목조 건물들과 어울려 이국적인 풍경을 자아낸다.

미술관 자작나무숲의 주된 갤러리는 세 개인데 오른편 언덕 위의 건물이 원종호 관장의 상설 갤러리인 원종호 갤러리다. 원종호 갤러리에 들어서면 많지 않은 작품들이 노란 전구 조명 아래 놓여 있다. 대부분이 자작나무숲을 찍은 것들인데, 잎이 다 떨어지고 남은 겨울의 나무기둥 군락이 인상적이다. 갤러리는 한가할 때 방문해야 작품을 좀 더 느긋하게 감상할 수 있다. 작품 한 점 한 점을 눈여겨보는 것도 좋지만, 전시실 중앙에 있는 아담한 의자에 앉아 작품들을 흘낏 보며 음미해도 좋다.

언덕 아래로는 기획전시관이 있다. 기획전시는 매번 작가를 초대해 한 달에서 두 달 간격으로 전시가 진행되는데, 다양한 작가가 미술관 자작나무숲을 거쳐 갔다.

01 기획전시관 외부 풍경
02 외부의 자작나무숲 풍경
03 기획전시관 내부 모습
04 자작나무숲에 관한 전시가 진행 중인 원종호 갤러리

03

04

마지막으로 카페가 있는 스튜디오 갤러리가 있다. 미술관 입구에서 입장권을 구입하면 작품 사진이 새겨져 있는 엽서를 받는데, 이 엽서를 스튜디오 갤러리 카페에 제시하면 원하는 음료를 마실 수 있다. 카페에서는 각종 작품과 기념품을 살 수 있고, 테이블에 앉아 이야기를 나누며 쉴 수도 있다. 스튜디오 갤러리는 반지하와 반 지상으로 이루어진 총 3개 층의 건물로, 책장 가득한 책과 다양한 소품이 인상적이다.

스튜디오 갤러리에 앉아 태양의 위치 변화에 따라 빛깔을 달리하는 자작나무를 바라보는 것도 미술관을 즐기는 한 방법이다. 1층 커다란 탁자 옆으로는 통창이 있어 숲을 전체적으로 조망할 수 있고, 반지하와 반 지상의 공간은 조그만 탁자와 테이블이 많아 구석진 곳에서 한가로이 여유를 즐길 수 있다. 짐을 주문하는 곳에 맡겨 놓고 숲을 여유롭게 산책하는 것도 좋다. 스튜디오 갤러리 한편에 있는 새장에서 동거하는 닭과 앵무새를 구경하는 것도 빼놓을 수 없는 재미이다.

겨울, 순백의 자작나무숲을 거닐며 미술을 감상하고 싶을 때면, 미술관 자작나무숲을 찾아보자. 순백의 눈에 뒤덮인 자작나무숲을 상상해 보라.

01

Editor Upgrade _ 데르수 우잘라, 블라디미르 클라우디에비치 아르세니에프

자작나무숲 하면 생각나는 책이 한 권 있다. 이름도 긴 러시아 극동 탐험가이자 작가 아르세니에프가 그려낸 원주민 사냥꾼에 관한 이야기 《데르수 우잘라》가 그것이다. 아르세니에프는 연해주 시호테알린 산맥의 중부지대를 탐험하며 원주민 사냥꾼 데르수 우잘라를 만난다. 대자연 속에서 자연과 하나가 되는 사냥꾼 데르수 우잘라와 함께한 나날들, 그리고 그의 죽음까지가 한 권의 수필로 담겼다. 겨울의 미술관에서 읽는다면 자작나무숲이 또 다른 느낌으로 다가올 것이다.

02

03

04

05

01 카페 반지하층에 위치한 서재
02 카페 지하층과 지상층을 이어주는 계단
03 따뜻함이 묻어나는 카페 지하
04 미술관 내부의 카페 모습
05 카페 카운터

나만의 여행정보

오후 3시의 햇살을 받은 수암골 벽화골목

엄마를 원망하는 귀여운 철수의 일기 벽화

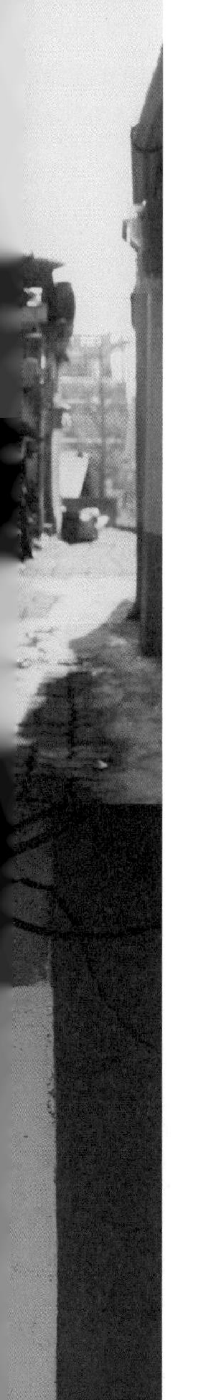

기억의 조각을 지키는 골목,

청주 수암골 벽화골목

누군가의 말처럼 우리는 그저 기억의 조각을 지키기 위해 살고 있는지도 모른다. 영원한 후회와 한때 존재했음을 알고 있는 어떤 곳에 대한 갈망에 빠진 채 말이다. 그곳의 열쇠에 대한 기억, 바닥의 타일과 열린 문 아래 닳아 버린 문지방에 대한 추억은 우리를 마음속 고향으로 이끈다. 기억의 조각이 가득한 청주 수암골로 향해 보자. 골목과 골목 사이에 당신이 갈망하던 고향이 있을 것이다.

주소 충청북도 청주시 상당구 수동로 15-4
찾아가는 길 서울 센트럴시티터미널 승차 → 청주 여객 북부 정류소 하차 → 100m 직진 후 우측에 청주대학교 정류장에서 211번 (미원 방면) 버스 승차 → 우암초등학교 앞 정류장 하차 → 길 건너 우암초등학교를 오른쪽으로 끼고 200m 직진 → 언덕 위에 수암골 위치

기억의 조각을 지키는 곳, 청주 수암골 벽화골목

청주 시내가 한눈에 내려다보이는 달동네가 있다. 한국전쟁 이후 피란민들이 터를 잡고 생활하며 형성된 동네인데, 다닥다닥 붙은 지붕과 좁다란 골목길, 갈라진 담벼락 사이로 옛 골목 풍경이 고스란히 남아 있는 동네다. 과거 청주 제일의 인쇄 골목 역사를 가지고 있는 동네는 바로 드라마 〈카인과 아벨〉, 〈제빵왕 김탁구〉, 〈영광의 재인〉 등의 촬영지이기도 한 수암골이다.

수암골은 2007년 공공미술 프로젝트 사업의 일환으로 동네 가득 벽화가 그려지면서 더욱 새로워졌다. '추억의 골목 여행'이라는 주제로 지역 예술가들과 학생들이 서민들의 생활을 담은 벽화를 그렸는데, 무미건조한 벽에 그림이 가득 차면서부터 과거의 향수를 느낄 수 있는 아름다운 동네로 재탄생한 것이다.

01

01 전봇대와 집을 함께 봐야만 이해할 수 있는 재미있는 벽화
02 아이들의 작품이 가득한 벽화들
03 골목 초입에 그려진 색색의 벽화
04 무형문화재 18호 전수자 박효영 만화장의 작업실
05 좁은 골목길 사이로 펼쳐져 있는 벽화거리

01 동심을 자극하는 다양한 벽화 그림들
02 골목 초입에 그려져 있는 누군가의 시
03 벽화 길을 가로지르는 전깃줄 혹은 빨랫줄
04 하얀 눈이 군데군데 쌓인 벽화거리

추억의 수암골, 나만의 추억만들기

그림으로 그려진 수암골 아트 투어 팸플릿과 지도를 받을 수 있는 동구나무 앞 삼충상회를 수암골 여행의 출발점으로 권하고 싶다. 지도를 들고 피아노 모양의 계단으로 내려와 제일 먼저 만나는 벽화는 '이상한 골목길'이다. 낡은 집 아래 동네 풍경이 그려져 있고, 그 앞에 위치한 전봇대에는 춤을 추는 듯한 꼬마 여자아이의 그림이 그려져 있는데, 멀찍이서 보면 꼬마가 동네 어귀를 뒷걸음질치는 듯 꽤나 재미있는 그림이다. 수암골에는 다양한 벽화가 피어 있다. 때 아닌 봄철을 알리는 붉게 피어난 동백과 동네 꼬마 아이들이 타일 하나하나에 정성껏 그린 그림들, 어느 누군가의 지나간 세월을 추억하는 시와 아이를 안고 있는 어머니의 따스한 품이 담긴 벽화, 창문으로 눈길을 주는 꼬마 아이가 그려져 있는 그림은 수암골의 애틋한 분위기를 가장 잘 드러내는 듯하다.

03 04

수암골의 벽화는 늦은 오후의 햇살이 가득한 3~4시에 가장 아름답다. 황금빛 햇살은 눅눅한 세월의 때를 씻어가려는 듯 수암골 구석구석을 비춘다. 수암골에는 빈집이 많다. 오래된 세월의 무게를 감당하지 못하고 떠난 거주민들의 비애가 담긴 집들로 길고양이들의 놀이터이자 안식처가 되었다. 빈집의 슬레이트 지붕 위에 올라 늘어지게 하품하는 고양이들은 관광객이 다가오면 재빨리 도망가고, 손에 먹을거리가 들려 있으면 용케 알아보고 다가와 애교를 부린다.

수암골에 오르면 좁다란 골목길 사이로 넓게 펼쳐져 있는 청주시의 시가지 모습이 한눈에 펼쳐진다. 저 멀리 보이는 조그만 집들은 옹기종기 모여 있고, 다닥다닥 붙어 있다.

수암골 둘레 추억 둘러보기

해가 저물기 시작하는 시간이 되면 벽화 구경을 마치고 팔봉제빵점으로 향해 보자. 팔봉제빵점은 드라마 〈제빵왕 김탁구〉의 실제 배경으로, 배우들의 친필 사인, 대본 등이 전시되어 있다. 또한 빵과 커피를 즐길 수도 있으니, 달콤한 커피를 마시며 청주 시내를 조망하는 것도 좋다.

수암골 주변에는 최근 들어 카페들이 우후죽순처럼 들어서고 있다. 대부분이 오래된 주택을 철거하고 새로이 지어진 카페들인데, 어찌 보면 낡은 동네 위에 버젓이 자리 잡아 주민들의 삶의 터전을 빼앗는 것 같은 느낌이 들기도 한다. 카페를 이용하는 것은 자유의사지만 동네 슈퍼에서 캔커피 하나를 사 들고 동네를 구경하는 것도 수암골을 위하는 좋은 방법일 것이다.

추억의 골목여행을 하고 싶을 때면 청주 수암골 벽화골목을 찾아가 보자. 해질녘의 수암골은 얽히고설킨 골목 사이사이로 주황색 가로등이 빛을 발하고 있어서 더욱 아름답다.

01 02

나만의 여행정보

01 벽화 길을 홀로 걷는 누군가의 뒷모습
02 골목골목 빽빽이 찬 벽화
03 표지판을 대신하는 손글씨 벽화
04 수암골로 향하는 길

Editor Upgrade _ 안녕 고양이는 고마웠어요, 이용한

길고양이와 함께한 1년 6개월의 기록 《안녕 고양이는 고마웠어요》. 이용한 시인은 집 앞에서 만난 여섯 마리 고양이들과의 인연을 시작으로 동네의 고양이들에게 관심을 갖게 된다. 1년이 넘는 시간 동안 20여 마리의 고양이들에게 이름을 붙여주고 먹이를 주기도 하면서 고양이들의 생활을 지켜본다. 인간사와 다를 바 없이 흘러가는 고양이들의 삶의 모습을 따라가다 보면 수암골의 터줏대감 길고양이들에 대해 편견 없는 애정을 느낄 수 있을 것이다.

대전의 하늘 끝에 올라보자,

대전 하늘동네

대동역에서 언덕배기 따라 앙상한 가지처럼 나 있는 길을 올라가다 보면 오래된 판잣집이 옹기종기 붙어 있는 마을이 보인다. 대전의 마지막 달동네, 대전 하늘동네다. 좁디좁은 골목 사이로 가파른 능선을 올라야만 다다를 수 있는 대동종합사회복지관 일대. 동네 정상에 있는 풍차 앞에 서면 빽빽하게 늘어선 슬레이트 지붕 아래로 대전의 구도심이 한눈에 내려다보인다. 낡고 오래된 집들이 다닥다닥 모여 있는 대전 하늘동네를 찾아가 보자.

주소 대전광역시 동구 동대전로 110번길 182
(대동 하늘공원으로 검색)
찾아가는 길 대전 지하철 1호선 대전역 승차 → 대동역 7번 출구 → 200m 도보로 이동 후 우회전 → 500m 도보로 이동

코스모스가 만발한 대전 하늘동네

01

02

대전의 마지막 달동네

하늘동네는 대전의 마지막 달동네다. 하늘동네가 위치한 대동은 오래된 거주 지역으로, 옛 문화관광부가 추진한 '아트인 시티 2007' 사업 공모에 오늘공공미술연구소가 참여해 프로젝트를 주도했고, 그 프로젝트의 하나로 골목 곳곳에 벽화가 그려졌다. 하늘동네에 오르면 일상이 녹아 있는 벽화를 볼 수 있다. 일상의 경계선인 담벼락에 그려진 꽃과 새 그리고 어린아이의 웃는 표정에서 달동네를 살아가는 주민들의 일상을 엿볼 수 있다.

하늘동네의 시작은 동대전로 길이다. 동네를 가로지르는 동대전로 길은 좁은 골목들 사이에 놓여 있는 커다란 대로이다. 길은 잘 정비되어 있고, 문구점과 분식집 등이 옹기종기 모여 있다. 길을 따라 올라가면 본격적인 달동네 풍경이 펼쳐진다. 색색이 다른 풍경의 그림들이 담벼락에 가득하고, 창틀엔 때 아닌 해바라기가 만발해 있다.

01 동네 언덕에 핀 주황색 코스모스
02 흔한 골목 길 사이로 피어난 벽화
03 하늘동네에서 가장 아름다운 벽화
04 하늘동네에서 보이는 대전광역시 전경

나만의 여행정보

하늘동네, 구석구석 둘러보기

하늘동네의 벽화는 마을 한복판에서 시작된다. 골목골목엔 숨어 있는 벽화가 가득한데, 어른 한 사람이 지나가기도 버거울 정도로 좁은 골목길 사이에 숨어 있는 벽화를 발견하는 것도 벽화골목 풍경을 즐기는 방법 중 하나이다. 골목 양옆으론 낡은 판잣집이 빼곡하고, 골목 중간마다 앉아서 늦은 오후의 햇볕을 만끽하는 어르신들을 쉽게 만날 수 있다. 골목길의 가장 큰 묘미는 조그만 문들이다. 하나같이 다르게 생긴 집들도 볼거리지만, 다양한 모습을 가진 문들 또한 골목의 아름다운 풍경이라 할 수 있다.

하늘동네는 여기저기 걸려 있는 빨래가 특히나 인상적인 동네다. 남모르는 이의 오래된 결혼식을 추억하게 만드는 수건과 어르신의 취향이 잔뜩 묻어나는 양말에서 정겨운 삶의 냄새가 모락모락 피어오른다.

우리들의 일상이 담겨 있는 소중한 공간의 변화와 그 속에서 살아가는 우리 자신의 모습을 보고 싶을 때, 하늘동네로 가 보자. 하늘동네 정상에 있는 풍차 앞에 서면 드넓게 펼쳐진 대전을 만끽할 수 있다.

하늘동네의 명물, 풍차

Editor Upgrade _ Insert Coin, 자판기 커피숍

대전에는 자판기 커피 같은 아티스트가 있다. 공연할 때마다 자판기에서 전기를 빈대 붙어 공연을 하다가 만들어진 밴드, 자판기 커피숍이 그들이다. 자판기 커피숍은 친밀하고 가까운 일상의 감정을 따스한 감성으로 만들어낸다. 그들의 정규 1집 〈Insert Coin〉의 곡들은 개인적인 동시에 모두에게 보편적인 이야기다. 그들이 그려내는 날것의 음악에서 대전을 느껴 보는 것은 어떨까. 이번 여행은 자판기 커피숍의 〈대동 산 1번지〉를 들으며 대동 산 1번지인 하늘동네를 올라가 보자.

당신의 오래된 일상, 커피아노

대전역 뒤편의 소제동에는 커피아노라는 작은 카페가 있다. 소제동은 1930년대 일제 철도 관사촌이 있던 곳인데, 아직도 원형이 잘 보존되어 있다. 소제동 골목을 걷다 보면 단층 건물들과 관사촌의 흔적이 어우러져 있는데, 그 모습이 낯설면서도 친숙하게 다가온다. 조그만 마을은 역사 뒤편에 자리 잡아 오랫동안 개발과 접근이 제한되었다. 그래서 더욱 오래된 정취를 품고 있다. 커피아노는 커피와 피아노라는 뜻인데, 오래전 커피집 주인의 어머니가 피아노 학원을 운영했던 자리라고 한다. 그녀는 피아노 선율처럼 가볍게, 마실 나오듯 카페를 열고 동네 사랑방의 주인 역할을 하고 있다. 대전 여행을 마무리 하는 길에 들러 오래된 일상을 함께 느껴 보는 것도 좋을 일이다.

01 커피아노 야외 풍경 02 커피아노 내부 모습 03 햇살이 드는 커피아노의 모습

주소 대전광역시 동구 솔랑시울길 49 **전화번호** 042-672-8113 **이용시간** 월요일~금요일 11:00~17:00(토, 일요일 휴무 및 매장 운영시간이 유동적일수 있으니 사전 문의) **이용요금** 아메리카노 3,000원, 카페라떼 4,000원, 모카라떼 4,500원 **찾아가는 길** 서울역에서 경부선 승차 → 대전역 하차 → 대전역 5번 출구로 나와서 500m 이동

한가한 대전의 미술관을 탐하다,

대전시립미술관, 이응노미술관

그저 대전의 조그만 미술관이 좋았던 것일지도 모른다. 복작이는 서울의 도서관에 질릴 때면 나는 한가로운 대전을 꿈꿨다. 광역시답지 않은 대전의 미술관들은 저렴한 입장료로 넓디넓은 공간을 전세낼 수 있다. 커다란 통창으로 들어오는 볕을 홀로 만끽할 수도 있고, 여유롭게 전시실 곳곳을 누비는 방랑자가 될 수도 있으며, 마음에 드는 작품이 있으면 한 시간이고 서서 작품 속에 빠질 수도 있다. 대전의 미술관은 항상 한가하다. 고작 두어 시간, 서울에서 멀어졌을 뿐인데…….

대전시립미술관

주소 대전광역시 서구 둔산대로 155(만년동)
전화번호 042-270-7370
이용시간 03월~10월 : 10:00~19:00 (매월 마지막 수요일 21:00 까지), 11월~02월 : 10:00~18:00 (매월 마지막 수요일 20:00 까지), 창작센터 : 2017년 3월 14일 부터 연중 10:00~18:00
이용요금 어른 500원, 어린이 300원(기획전 또는 특별전시의 경우 별도의 관람료 책정)
SITE dmma.daejeon.go.kr
찾아가는 길 대전 지하철 1호선 대전역 4번 출구 → 도보 50m → 대전역에서 606번 버스 승차 → 대전예술의전당 정류장 하차 → 대전예술의전당 오른쪽에 위치

이응노미술관

주소 대전광역시 서구 둔산대로 157
전화번호 042-611-9800
이용시간 03월~10월 : 10:00~19:00 (수요일 21:00 까지) 11월~02월 : 10:00~18:00 (수요일 21:00 까지), 입장시간 : 관람시간 종료 30분전까지, 휴관 1월 1일, 설날, 추석, 매주 월요일(월요일이 공휴일인 경우 그 다음날 휴관)
이용요금 어른 500원, 어린이 300원
SITE leeungnomuseum.or.kr

대전시립미술관의 웅장한 자태

아담한 단층의 이응노미술관

01

한가로운 대전시립미술관

대전역에 자리한 버스 정류장에서 606번 버스를 타고 30분 정도 가면 대전시립미술관에 다다른다. 나는 미술관으로 향하는 606번 버스를 좋아하는데, 나고 자라면서 보아 온 예전 그대로의 풍경들을 낯설거나 친숙하게 마주할 수 있기 때문이다. 시간 가는 줄도 모르고 잠시 추억에 잠기고 나면, 머지않은 시간의 끝에 대전시립미술관이 보인다.

미술관은 대전의 번화가 너머 한가한 천변에 자리 잡고 있다. 1993년 대전을 엑스포의 열기로 물들였던 엑스포과학공원과 갑천을 사이에 두고 우두커니 서 있다. 도시 숲 사이의 한적한 시립미술관에 들어서면 백남준의 비디오 아트 작품인 〈프렉탈 거북선〉이 우리를 반겨준다. 웅장한 거북선 안에 빽빽이 들어선 브라운관이 인상적이다. 미술관에 어떤 전시가 열리든, 나는 항상 〈프렉탈 거북선〉에 먼저 시선을 뺏기곤 했다. 시립미술관 중앙을 홀로 굳건히 지켜온 그의 작품은 항상 경이롭다. 우람한 거북선을 지나 시립미술관에 들어서면 시립미술관만의 특색 있는 여러 기획전들을 둘러볼 수 있다.

대전시립미술관은 대전의 문화 예술 부흥을 위해 개관되었다. 대전시립미술관에서는 대전의 미술을 조명한 지역 전시부터 비엔날레급 전시까지 특별전을 비롯하여 다양한 프로그램이 기획되고 전시된다. 2011년엔 '모네에서 워홀까지'라는 이름으로 특별전이 개최되었는데, 모네의 수련 앞에 서서 오랫동안 두 눈을 떼지 못했던 기억이 있다. 여유롭게 미술품 전시를 감상하고 싶을 때, 붐비는 서울을 떠나 대전으로 향해 보자. 두 눈을 뗄 수가 없는 재미있는 전시들이 가득하다.

01 분수대 건너편에서 바라본 대전시립미술관
02 백남준의 비디오 아트 〈프렉탈 거북선〉
03 시립미술관 내부 전시 모습

나만의 여행정보

볕이 따뜻한 이응노미술관

시립미술관에서 오랜만의 여유를 즐겼다면 이응노미술관은 덤이다. 이응노미술관은 12년 전 어느 봄날에 은근슬쩍 시립미술관의 바로 옆자리를 꿰차고 들어왔다. 앙증맞은 자태와 달리, 고암 이응노(1904~1989)의 예술 연구와 전시를 확장 · 계승하려는 의도를 가지고 개관되었다. 이응노 화백은 동양의 전통 위에 서양의 새로운 방식을 조화롭게 접목한 창작 세계를 구축했는데, 그의 작품은 언제나 추상 속의 인간을 조명한다. 이응노의 군상들을 볼 때면 마치 저 하늘 위의 조물주가 된 심정이다. 커다란 도화지 가득 흩뿌려진 인간 군상들. 달리고, 뛰고, 춤추고 행동하는 군상들 사이에서 한없는 생명력이 느껴진다.

이응노미술관은 '빛'이다. 무더운 여름이 지나고 하늘이 한 뼘 제 높이를 높이는 가을이면 하늘만큼이나 높아진 태양은 그 어느 때보다도 따뜻한 손길로 미술관을 어루만진다. 단돈 500원의 관람료로 전세낼 수 있는 이응노의 세계는 고고하고, 아름다우며, 그 가운데 온갖 기발함으로 무장되어 있다. 특히 볕이 드는 전시실에 홀로 설 때면, 세상에 나홀로 있는 듯한 적막함이 느껴진다.

멀고도 가까운 대전을 음미하며 당신의 빛바랜 일상에 안부를 묻고 싶을 때면, 대전으로 떠나 보자.

01

01 볕이 잘 드는 이응노미술관 내부 모습
02 단아한 아름다움이 돋보이는 외관

Editor Upgrade _ 우쿨렐레 피크닉, 우쿨렐레 피크닉

브로콜리 너마저의 계피, 하찌와 TJ의 조태준, 복숭아의 이병훈이 주축이 되어 만든 국내 최초의 우쿨렐레 밴드, 우쿨렐레 피크닉. 하와이의 전통 악기인 우쿨렐레의 아름답고 청량한 소리는 듣는 이에게 시원한 여름을 선물한다. 담백하면서도 산뜻한 우쿨렐레의 향연 속에서 색다른 대전을 즐겨보는 것은 어떨까. 사실 대전의 미술관은 그렇게 딱딱하지만은 않다.

SEOUL

1hour
Gyeonggi-do

2hours
Incheon

3hours
Daejeon

4hours

Jeollabuk-do

네 시간, 당신의 일상에 안부를 묻다

'당신이 살고 있는 도시를, 움직이는 기차에서 앉아 마주한 적이 있나요?' 친숙하면서도 낯선 그 풍경에 매료되어 본 적이 있다면 일상 여행의 황홀함을 알 것이다. 누군가에게 여행일 수도 있는 순간은 곧 내게 일상이고, 나 또한 매번 당신의 일상을 헤집는 여행을 하고 있다. 네 시간, 나의 일상이 보일 듯하다.

* 소요시간은 편도를 기준으로 합니다.

디자인 엽서가 가득한 우체국 테마의 포스트카드오피스 내부 전경

이차원의 엽서 세상,

포스트카드오피스

대한민국에서 보기 힘든 곳이기도 하지만 이렇듯 희귀한 존재감을 가진 장소가 강릉에 있다는 사실만으로도 핫한 소식이 아닐 수 없다. 강릉시 교동의 한 아파트 상가 1층에 자리한 이곳은 오로지 엽서와 카드를 메인 아이템으로 판매하고 있는 국내 유일의 '포스트카드오피스'라는 곳이다. 매장에 들어서면 은은하게 울려 퍼지는 올드 팝과 함께 엽서와 카드로 둘러싸인 공간의 매력에 흠뻑 빠져들게 된다.

주소 강원도 강릉시 화부산로 40번길 29 풍림아이원 상가 5호
전화번호 070-8816-1084
이용시간 10:00~19:00(BREAK 12:00~13:00)(화/수요일 휴무)
SITE www.instagram.com/postcard.office
찾아가는 길 서울역 KTX → 강릉역 하차 → 강릉역 정류장까지 약 170m 걷기 → 300(동진)(강릉역) 승차 후 → 강릉제일고 정류장에서 하차 → 직진 방향으로 걷다 작은 사거리에서 좌회전 포스트카드오피스까지 약 439m 걷기(아파트 앞 도착)

01 800여 개의 엽서가 놓인 진열대
02 이국적 느낌의 포스트카드오피스 입구
03 스티커를 모아 둔 서랍장과
마스킹테이프가 가득한 계산대의 모습
04 작가들의 엽서와 굿즈들
05 포스트카드오피스의 굿즈들
06 다양한 작가의 엽서들

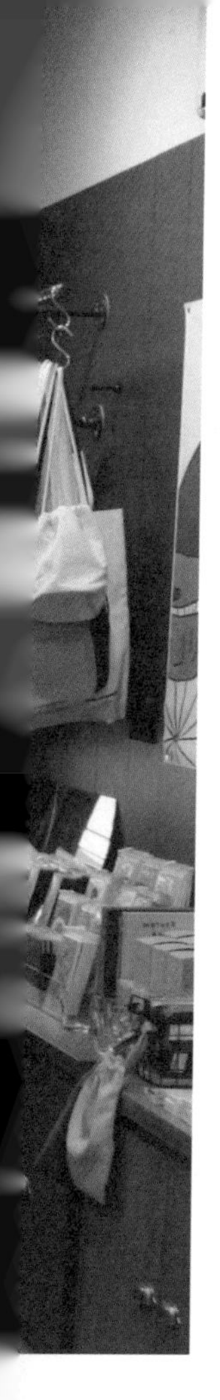

다채로운 이차원 그림들의 향연

요즘처럼 원하는 사람에게 메시지를 바로 보낼 수 있는 '즉시성'의 세상에서 엽서에 직접 손글씨로 메시지를 써서 누군가에게 전달하는 일은 희귀하면서 정성스러운 일이다. 그러기에 엽서나 카드에 대한 로망이 그 어느 때보다 강렬한 지도 모르겠다. 디지털이 만연한 시대라지만 아날로그적인 감성을 끊임없이 찾는 것이 자연스러운 일이 됐다.

현재 포스트카드오피스에는 80여 명의 작가들의 그림으로 제작된 엽서와 카드 800여 종이 준비되어 있다. 작가만의 감성을 담은 캐릭터 엽서, 여행을 기록한 여행사진 엽서, 자수로 그림이나 타이포를 수놓은 카드, 입체 디테일을 준 엽서 등 일일이 나열할 수 없을 정도의 다양한 엽서와 카드들이 있다. 앞으로 3천여 종을 목표로 구비할 계획이라고 하니 얼마나 다채롭고 흥미로운 작품들로 꾸며질지 기대가 된다.

포스트카드오피스는 BI,CI 등을 기획했던 남편과 그래픽디자이너로 활동했던 아내가 함께 준비한 공간이다. 6개월 정도 매장 콘셉트와 제품 준비를 했고, 매장 인테리어까지는 2개월이 더 걸렸다고 한다. 마치 외국 여행 중에 방문한 매장 같은 느낌을 주는 이곳은 기차역 내에 있는 우체국에서 영감을 받아 콘셉트를 정하게 됐다. 엽서나 카드 외에도 포스트카드오피스 자체 브랜드 상품인 굿즈도 꽤 인기가 많은 편이다. 현재 인터넷으로도 구매할 수 있도록 쇼핑몰을 준비하고 있다.

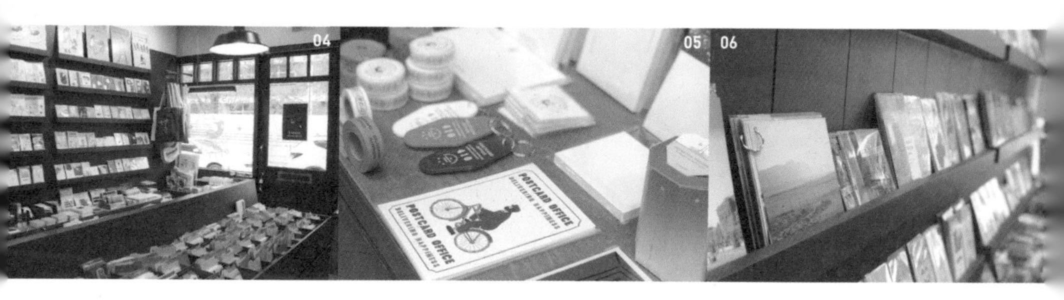

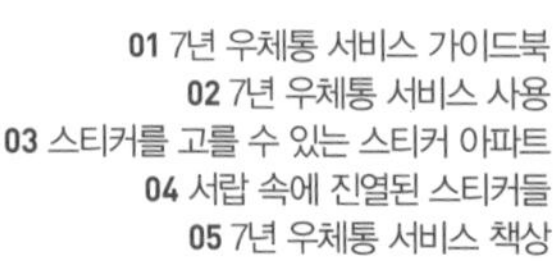

01 7년 우체통 서비스 가이드북
02 7년 우체통 서비스 사용
03 스티커를 고를 수 있는 스티커 아파트
04 서랍 속에 진열된 스티커들
05 7년 우체통 서비스 책상

7년 우체통과 스티커 아파트

포스트카드오피스에는 직접 제작한 엽서와 카드뿐만 아니라, '7년 우체통 서비스'라는 독특한 콘셉트의 서비스가 있다. 미래의 원하는 시점에 내가 보낸 엽서를 받을 수 있는 서비스로, 매월 말일에 발송 대상 우편물을 수거하고, 익월 5일 일반우편으로 발송해준다. 누군가에게 미래의 날짜를 지정해 엽서를 보내고 싶다면 한 번 이용해 보는 것도 좋겠다. 받고자 하는 날짜는 7년 이내에서 적당하게 지정할 수 있다. 엽서 봉투와 우표가 함께 제공되며 이용요금은 5천 원이다. 매장 한편에는 개성 넘치는 스티커만 따로 모아 둔 서랍이 있다. 이 서랍의 이름은 '스티커 아파트', 각 서랍을 열어 보면 작가별로 제작된 스티커가 담겨져 있다. 스티커를 소개해 놓은 스크랩북을 참고하여 번호가 표시된 서랍을 열면 스티커를 찾을 수 있고 구매할 수 있다.

가상의 우체국을 콘셉트로 한 포스트카드오피스. 이곳의 시그니처인 우체부 아저씨는 7년 우체통 서비스로 항상 밖에 있어서 만나볼 수 없다는 너스레를 떨기도 한다. 우체국을 콘셉으로 하여 곳곳에 스토리를 담아 다양한 이야기를 만들고자 한 부부의 아기자기함을 살펴볼 수 있어서, 이 또한 이 매장을 찾는 즐거운 경험이 되고 있다. 강릉이 주는 낭만이 좋아 무작정 찾았던 주인 부부에게 강릉이 새 삶의 터전이 되었듯이 포스트카드오피스가 강릉의 새로운 명소가 되기를 바란다.

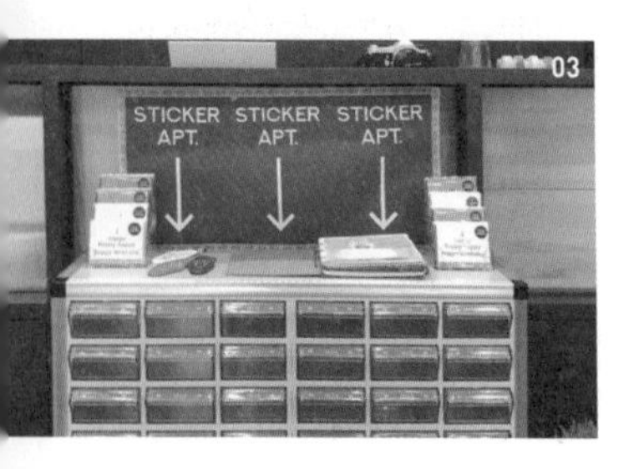

나만의 여행정보

강릉 수제 맥주 명소,

버드나무 브루어리

이곳은 막걸리 양조장인가 맥주 양조장인가. 2015년 9월에 오픈한 버드나무 브루어리는 막걸리 양조장이었던 모습을 간직한 채 한국적인 맥주를 만들겠다는 신념을 더한 강릉의 유일한 맥주 브루어리다. 최근 국내 맥주 시장은 수제 맥주와 수입 맥주가 인기를 끌면서 다양한 맥주를 맛볼 수 있는 기회가 많아졌다. 버드나무 브루어리는 맥주에 대한 열정과 사랑으로 뭉친 사람들이 모여 만드는 수제 맥주로 맥주 마니아들 사이에서 널리 사랑받는 곳이다.

주소 강원도 강릉시 경강로 1961
전화번호 033-920-9380
이용시간 12:00~24:00 / 오후 4시~5시 맥주 및 음료만 가능
SITE http://www.facebook.com/Budnamu/
찾아가는 길 서울역 KTX → 강릉역 하차 강릉시 보건소 방향으로 나와 길을 건너 → 용지각 정류장까지 약 680m 걷기 → 503(용지각) 승차 후 → 홍제동 주민센터 정류장에서 하차 약 29m 걸어 도착

맥주 라벨 디자인 원화를 전시해 놓은 버드나무 브루어리의 내부 전경

01 굿즈와 맥주가 진열되어 있는 바
02 공장의 옛 모습을 고스란히 담고 있는 내부 전경
03 매장 중앙에 놓인 중정 스타일의 화단
04 별채 마당에서 뛰어 놀고 있는 아이들
05 한적하고 너른 뒷마당

나만의 여행정보

양조장의 자존심을 지키다

이곳은 맥주 브루어리 이전에 막걸리 탁주 양조장이었다. 기존의 건물을 유지하면서 안전을 위해 보수할 곳들은 보수하고 개조해서 새로운 공간을 만들었다. 총 3개 동으로 되어 있던 이곳은 메인 공간인 2개의 동을 하나로 트면서 큰 메인 공간을 마련하고 브루어리와 매장을 함께 배치했다.

현재는 별도의 공장을 사용하면서 이곳 브루어리는 소량 판매 상품이나 실험적인 상품을 개발할 때 주로 이용한다고 한다. 뒷마당 쪽에 위치한 크래프트 하우스인 별채는 새로운 구상을 하는 작업실이나 피자 도우를 만드는 공간으로 활용하고 있다. 잔디가 있는 뒷마당에도 테이블이 있어서 날씨가 좋은 주말에는 이곳에서 맥주를 마시고자 하는 가족 단위의 고객들이 많이 찾는다고 한다. 뒷마당에서는 브루어리의 상징이 된 고양이가 찾아온 사람들을 반긴다. 곳곳에 막걸리 양조장 시절의 유물(?)이 남아 있지만 굳이 버리지 않고 마치 전시품처럼 놓여 있어 더욱 운치가 있다. 역사와 함께 상생하고 있는 것이다. 자체 굿즈도 제작하여 매장에서 판매하기도 하고 책을 구매하면 맥주를 주는 '책맥' 행사도 주제별로 매월 진행하고 있다.

한국적인 맥주에 강릉을 담다

한국적인 맥주를 추구하는 버드나무 브루어리의 대표적인 수제 맥주를 몇 가지 소개하면, 먼저 고두밥을 짓는 전통 술 빚기를 응용한 쌀이 첨가된 '미노리세션'이 있다. 강릉시 사천면 '미노리'에서 수확한 쌀을 40% 이상 사용한 맥주로, 귤 향과 상큼함을 담은 버드나무 브루어리의 대표적인 맥주다. 국화와 산초가 들어간 밀맥주 '즈므블랑', 열대 과일 향과 파인 향이 가미된 '하슬라 IPA', 볶은 맥아 향이 가볍게 느껴져 마시기 편한 '백일홍 레드에일', 백일홍은 강릉의 상징이며 실제로 버드나무 브루어리 마당에도 심어져 있다. 강릉 소나무에서 추출한 솔잎 엑기스를 첨가한 '파인시티 세종' 등도 있다. 한국적인 재료가 가미된 버드나무 브루어리의 맥주를 조금씩 맛볼 수 있는 샘플러도 판매하고 있다.

한국적인 맛은 맥주뿐만이 아니다. 맥주와 최고의 궁합을 자랑하는 이곳의 '홍제 피자'는 베이컨과 모짜렐라가 들어간 피자에 김치를 첨가해 더욱 한국적인 맛이 살아 있다. 이 외에도 루꼴라 피자, 마르게리타 피자, 그릭 로스트 치킨 등이 맥주와 함께 어울리는 오븐 요리로 사랑받고 있다. 이곳만의 특별한 음료인 '검정 식혜'는 검정 보리를 이용해 식혜를 재해석한 음료다. 식혜와 맥주의 생성 원리가 같은 것에서 착안하여 개발한 식혜 탄산음료인데 시원하게 마시기 좋다.

01 판매되고 있는 샘플러와 대표 메뉴 홍제 피자
02 바에 비치되어 있는 맥주 설명서
03 장소 대여가 가능한 너른 2층 전경
04 멋스러운 옛 양조장 지붕이 고스란히 보이는 2층 야외 테라스 모습
05 양조장의 모습이 그대로 남아 있는 모습과 라벨 디자인 원화

녹음을 좌우에 둔 삼양목장의 산책길

새하얀 눈밭과 파란 하늘을 이분한 대관령의 겨울

한국의 알프스,

대관령 삼양목장

산맥을 휘감아 도는 실핏줄 같은 도로를 돌고 돌면, 구름 위로 해가 고개를 살며시 내민다. 누렇게 때가 낀 고속버스 창 위에 황금빛 햇살이 내리고, 창밖으로 펼쳐진 산야엔 아직도 잔설이 가득 남아 있다. 새하얀 눈밭과 파란 하늘은 장엄한 태백산맥의 관문 대관령에 막혀 이분된 느낌이다. 목장을 찾아가는 길에 만나는 또 다른 즐거움이다.

주소 강원도 평창군 대관령면 꽃밭양지길 708-9
전화번호 033-335-5044~5
이용시간 그린시즌(5월~10월) : 08:30~17:30, 화이트시즌(11월~4월) : 09:00~16:00
이용요금 대인 9,000원, 소인 7,000원, 무료(36개월 미만, 장애 1~3급, 생활보호대상자인 학생, 대관령 면민)
SITE www.samyangranch.co.kr
찾아가는 길 서울 동서울종합터미널 승차 → 횡계 시외버스공용정류장 하차 → 대관령 삼양목장행 택시 승차

01 대관령 너머로 보이는 강릉시와 동해
02 횡계 시외버스공용 정류장
03 한산한 횡계 읍내 풍경

한국의 알프스, 대관령

대관령은 한국의 알프스라 불리는 곳이다. 예로부터 고개가 험해서 오르내릴 때 '대굴대굴 크게 구르는 고개'라는 뜻의 대굴령이라 불리었는데, 그 음을 빌려 대관령이 되었다. 해발고도 800미터의 분지는 산지가 높고 기온이 서늘해 고랭지 농업이 발달했으며, 1970년대부터 개발하기 시작한 초지는 목축 중심지로 대단위 목장이 조성되어 있다. 사실 대관령 삼양목장으로 향하는 길은 이름만큼이나 험하지는 않다. 서울에서 횡계까지 뻥 뚫린 영동고속도로를 타는 까닭인데, 한국의 높은 산도 제 살과 뼈를 도로에 내줘 버렸다. 산맥을 가로지르는 고속도로를 통과해 횡계에 다다르면 시간이 멈춘 듯한 읍내 풍경이 펼쳐진다. 교차로 한편에 위치한 택시 정류장에서 택시를 얻어 타고 대관령 삼양목장으로 가 보자.

광활한 초원 위에 펼쳐진 삼양목장

대관령 삼양목장은 1972년부터 조성된 동양 최대의 목장이다. 국내 최초로 라면을 개발한 삼양은 해발 850~1,400m의 높은 지대에 600여 만 평의 광활한 초원을 조성했고, 그 위에 900두의 육우와 젖소가 뛰어노는 목장을 건설했다. 목장이 워낙 넓은 탓에 일 년이 가도록 소의 발자국이 한 번도 닿지 않은 초지가 도처에 널려 있다.

삼양목장은 봄, 여름, 가을, 겨울이 모두 아름답다. 봄이면 얼레지가 지천으로 피고, 여름이면 서늘한 구릉에 초록이 무성하며, 가을에는 음력 9월 9일에 꺾이는 풀이라 하여 구절초라 불리는 꽃이 목장 가득 군락을 이루고, 겨울에는 새하얀 눈이 목장을 뒤덮어 아름다운 설원을 이루어낸다. 목장의 울타리를 따라 난 백두대간 능선에 오르면 목장의 뛰어난 경관이 눈에 가득 들어오는데 태백산맥의 매운 바람을 굳건히 버티고 서서 쉼없이 돌아가는 풍차들도 볼 수 있다.

높디높은 대관령을 오르다

횡계 터미널에서 택시를 잡아타고 삼양목장의 입구에 이르는 데는 20여 분이 채 걸리지 않는다. 이동 요금은 12,000원. 목장 입구에서 입장료를 내고 들어가면 목장 정상까지 운행하는 셔틀버스를 탈 수 있고, 목장을 걷고 싶은 이는 4km의 길을 걸어 올라가 볼 수도 있다. 목장의 매표소를 지나면 주차장과 매점이 있는 넓은 마당이 나온다. 마당에서는 새끼 양에게 먹이를 줄 수 있고, 매점에서 삼양식품에서 판매하는 과자, 라면을 구매할 수도 있다. 또한 식당도 함께 겸하고 있으니 출출한 배는 넓은 목장을 오르기 전에 미리 채워 두는 게 낫겠다.

01 한여름의 삼양목장
02 울타리 사이로 고개를 빼꼼 내민 양
03 삼양목장의 여름 풍경
04 순백의 삼양목장

목장 초입에서 목장의 정상인 동해 전망대에 오르는 길에는 광활한 초지목장이 있는데, 젖소와 한우, 양과 타조, 웅장하고 시원한 풍차가 어우러져 아름다운 풍경을 자아낸다. 삼양목장의 목책로를 따라 오르다 보면 소 방목지와 양 방목장, 〈가을동화〉 촬영지와 〈연애소설〉 촬영지 등을 볼 수 있다. 해발 1,140m의 동해전망대에서 바라보는 동해바다의 풍경은 장엄하다 못해 경이롭다. 동해 전망대에 서면 영동과 영서의 분수령을 이루는 목장의 전망과 백두대간의 겹겹 산줄기를 한눈에 볼 수 있다. 목장은 그냥 그 풍경을 감상하는 것만으로도 좋지만, 초지를 뛰어다니는 동물과 노는 것도 또 다른 묘미가 있다. 양들은 삼양목장 입구에서 판매하는 뽀빠이와 삼양식품의 과자들을 무척 좋아하지만 외부 음식을 동물들에게 주는 것은 금지되어 있으니 양에게 먹이를 주는 즐거움은 과자가 아닌 목초지 가득한 풀로 대신하자.

대관령 삼양목장은 사계절의 색깔이 완연히 다른 양떼목장이다. 문득 한없이 장엄한 자연에 자신을 맡기고 싶을 때, 그 자연의 일부가 되고 싶을 때 대관령으로 가 보는 것은 어떨까?

Editor Upgrade _ 사랑은 스위트 피 향기를 타고, 소피 달

전설적인 동화작가 로알드 달의 손녀, 소피 달이 전해주는 로맨틱하고 발랄한 사랑 이야기. 입생 로랑 향수, 베르사체의 청바지 모델로 활동한 소피 달은 밝고 경쾌한 언어로 사랑을 그려낸다. 사랑의 정석이라 불리는 드라마 〈가을동화〉와 영화 〈연애소설〉이 촬영된 삼양목장에서 당신만의 사랑을 꿈꿔 보는 것은 어떨까? 소피 달은 당신의 가슴에 예쁜 스위트 피 꽃다발을 안길 것이다.

환상적인 세계로 동심 자극,

피노키오& 마리오네트 박물관

피노키오와 마리오네트 박물관은 동심의 세계를 대표하는 '피노키오'와 '작은 성모 마리아'에서 어원이 유래된 '마리오네트'가 있는 곳이다. 키네틱(움직이는 작품)이 전시되어 있는 이곳은 세계의 작가들이 만든 피노키오와 마리오네트 작품을 비롯하여 공학과 예술이 접목된 오토마타 마리봇 작품들이 전시되어 있어 동화와 현대미술이 어떻게 만나는지 보여주고 있다. 현대미술에서 재해석된 피노키오 작품과 4차 산업 혁명의 공학과 예술이 융합된 움직이는 피노키오를 볼 수 있어서 많은 관객들의 사랑을 받고 있다.

주소 강원도 강릉시 강동면 율곡로 1441(하슬라아트월드)
전화번호 033-644-9411
이용시간 09:00~18:00(연중무휴)
이용요금 도슨트 관람권 : 성인•청소년 16,000원, 어린이 15,000원
자유 관람 : 성인·청소년 12,000원, 어린이 11,000원
SITE www.haslla.kr
찾아가는 길 서울역 KTX → 강릉역 하차 → 강릉역 건너편 정류장까지 약 215m 걷기 → 113(강릉역 건너편) 승차 후 → 하슬라아트월드 정류장에서 하차 → 하슬라아트월드 매표소까지 약 337m 걷기

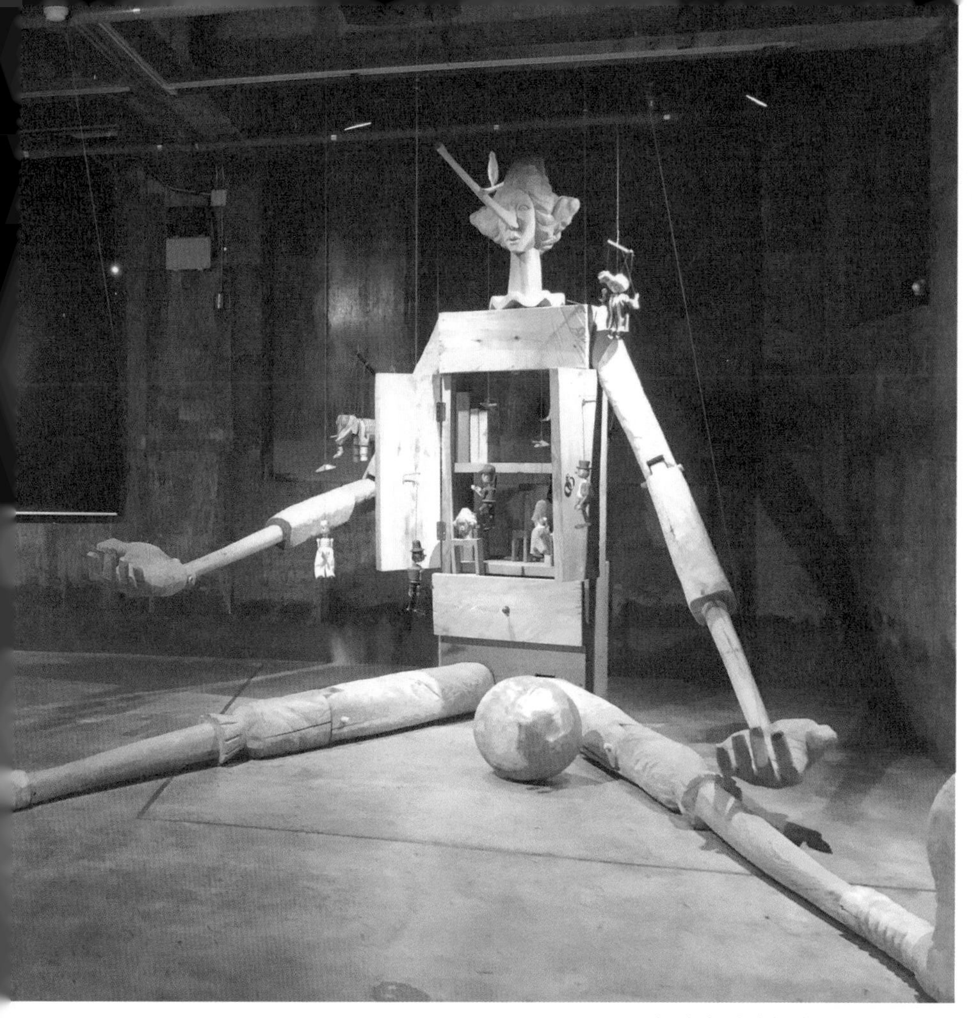

박물관 내부에 설치되어 있는 거인 마리오네트

01 02

두 개의 키워드, 피노키오와 마리오네트

1881년 처음으로 연재를 시작한 피노키오는 1883년에 마무리될 때까지 총 36편의 이야기가 이어졌다. 각 편마다 다른 모험을 통해 나무인형이었던 피노키오는 더불어 살아가는 마음과 다른 이를 생각하는 자세를 가지게 되면서 점차 인간으로서의 자질을 갖추게 된다. 세상을 알아가면서 세상에 맞는 진정성을 갖게 되는 피노키오의 모습은 예술이 가져야 하는 태도와도 맞닿아 있다. 줄인형의 프랑스어인 마리오네뜨는 '작은 성모 마리아'에서 유래하였다고 한다. 베니스 사람들이 인형극 소재로 성모 마리아상을 사용하면서 붙여졌다고 하는데 그 역사는 고대 이집트까지 올라간다. 마리오네트 극이 대중적으로 널리 퍼지게 된 것은 르네상스 이후부터이며 이때 다양한 형태의 마리오네트가 등장하게 된다. 마리오네트의 모습이나 움직이는 역할이나 사용처에 따라 달라지는데 그에 따라 변형되는 조종대의 형태도 주목할 만하다.

꼭두각시 중 인간의 움직임을 가장 가깝게 표현한 마리오네트는 인형 관절의 나뉨으로 독특함을 갖는다. 마리오네트는 고대 이집트의 무덤, 그리스의 문헌에서 발견될 정도로 오랜 역사를 가지고 있으며 현재 그 움직임은 비보잉, 발레 등에서 차용되어 새로운 형태로 재탄생되고 있다. 행위 예술의 고전적 형태인 '인형극'의 주인공에서부터 현대 무용의 원형으로까지 재해석되고 있는 '마리오네트' 는 움직이는 인체 조각으로 회자될 만하다.

01 매표소에 진열되어 있는 귀여운 피노키오들
02 미술관 곳곳에 설치되어 있는 작품들
03 현대 미술관 제3관에 설치된 일본 작가의 움직이는 고래 조형물
04 박물관 입구에서 맞이하는 피노키오
05 바다와 하늘에 맞닿은 피노키오 조형물

01 고래 배 속으로 들어가는 장면을 연상케 하는 박물관 입구 터널
02 앞에 서면 날아오르는 요정
03 다양한 피노키오의 모습
04 마리오네트 인형들
05 피노키오 박물관 출구에 설치되어 있는 피노키오
06 셀카 포토존
07 대형 피노키오 마리오네트

자연과 동심이 만나는 힐링 세계

피노키오&마리오네트 박물관은 국내외에서 수집한 마리오네트 인형과 작가들의 조각, 회화 작품, 국내 유일의 센서에 의해 움직이는 작품 등 300여 점 이상을 소장 · 전시하고 있다. 소설가 김영하 작가와 과학자 정재승 교수가 tvN 〈알쓸신잡〉이라는 예능 프로그램에서 이곳을 방문하며 소개되기도 했다. 박물관으로 향하는 통로가 매우 인상적인데 피노키오가 고래 배 속으로 들어가는 장면을 형상화했다고 한다. 큰 원형 통로 내부를 플라스틱 비닐로 감싸고 형형색색의 움직이는 조명을 달아 마치 고래 배 속을 여행하는 느낌을 자아내고 있다. 밖으로 나와 돌면 커다란 피노키오가 반겨주며 안쪽에 피노키오 박물관이 있음을 알려준다.

내부에는 다양하게 움직이는 조형물과 커다란 목각 피노키오가 이 안에 더 많은 피노키오가 숨어 있음을 알려 주고 있다. 안쪽에는 수십 종의 피노키오&마리오네트들이 줄줄이 매달려 다양한 움직임을 보여준다. 빨간 선 앞에 있는 발자국에 바로 서면 기다렸다는 듯이 조형물들이 움직인다. 형형색색 다양한 크기의 인형들이 공간을 가득 채워 장관을 이룬다. 오묘하고 몽환적인 전시장을 나오면 직접 체험할 수 있는 공간도 마련되어 있다. 전시장 건물 밖에서는 탁트인 아름다운 동해바다의 자연경관과 조형작품들을 함께 감상할 수 있다. 이곳은 단순히 박물관 안에서만의 작품 감상이 아닌 자연과 동심이 만나는 힐링 세계를 경험할 수 있는 곳이다. 탁 트인 야외 정원이 있는 테라스 앞은 시원한 바다가 펼쳐져 있어 마음까지 상쾌하다.

강릉의 복합예술공간, 하슬라아트월드

피노키오&마리오네트 박물관은 동해바다를 정면으로 바라보는 하슬라아트월드라는 복합예술공간 안에 있는 곳이다. 하슬라아트월드는 뮤지엄 호텔, 야외 조각공원, 현대 미술관, 피노키오&마리오네트 박물관, 레스토랑, 바다 카페가 있는 자연에 기대어 예술을 감상할 수 있는 힐링 예술공간이다. 우리나라에서 가장 환상적인 드라이브 코스라 불리는 7번 국도를 따라가다 정동진에서 3km 떨어진 괘방산 자락 중턱에 자리 잡고 있는 하슬라아트월드는 강릉에서 버스로 20여 분, 정동진역에서도 30여 분 거리라 동해에 놀러 왔다 일부러 이곳을 찾는 사람이 많다.

01 02 03

하슬라아트월드의 '하슬라('불을 밝히다')'는 고구려 시대에 불리던 강릉의 옛 지명으로 이곳의 다양한 시설들은 조각가 부부인 박신정과 최옥영이 함께 만들고 디자인 한 곳이다. 2003년부터 지금까지 끊임없이 변화를 추구하고 새로운 작품과 공간을 관객들에게 선보이고 있다. 들여놓은 가구 하나, 설치되어 있는 조각 하나 허튼 것이 없이 곳곳이 작가성과 작가 정신을 담은 예술품이며, 피카소의 접시도 또한 전시되어 있다. 예술가가 만든 곳인 만큼 지금도 완성된 곳이 아니고 계속 하나하나 더 만들어가며 지속적인 변화를 추구하는 곳이어서 앞으로가 더욱 궁금한 곳이다.

01 건물에 설치되어 있는 조형물
02 전시장 내부 곳곳에 설치된 다양한 작품들
03 전시되어 있는 피카소의 접시
04 작품으로 제작된 다양한 가구들
05 바다카페와 조각공원으로 가기 위한 나무 터널길

할배바위와 할매바위 사이로 지고 있는 늦가을의 태양

일몰이 보고 싶을 땐,

안면도 꽃지해수욕장

충청남도 태안에는 애틋한 사랑이 담긴 두 바위가 있다. 신라 흥덕왕 때인 838년 장보고는 안면도에 기지를 두었는데 기지 사령관이던 승언과 아내 미도는 유난히 부부 금실이 좋았다고 한다. 출장을 나간 승언이 돌아오지 않자 남편을 기다리던 미도는 죽어서 망부석이 되었고, 사람들은 이 바위를 '할매바위'라 불렀다. 이 바위와 육지 사이에 마주 보고 있는 또 하나의 바위가 있는데 그 바위는 '할배바위'다. 꽃지 해변 앞 바다의 소담한 두 바위 사이로 오늘의 해가 저물어 간다. 소실점 너머로 네가 보이는 듯하다.

주소 충청남도 태안군 안면읍 승언리
전화번호 041-673-1061(꽃지해안공원)
찾아가는 길 서울 센트럴시티터미널 승차 → 안면버스터미널 하차 → 안면버스터미널 맞은편 정류장까지 약 43m 이동 → 안면버스터미널 맞은편 정류장에서 태안-안면(꽃지, 승언 방면) 버스 승차 → 꽃지해수욕장 정류장 하차

일상에서 일몰이 그리울 때

일몰이 그리울 때가 있다. 하루가 지나는 것은 꿰맨 자국 없이 흘러가는 시간의 흐름일 따름이지만 저물어 가는 낙조를 보며 잠시 애틋한 생각에 잠기고 싶은 때가 있다. 안면읍의 꽃지해수욕장은 할배바위와 할매바위를 배경으로 펼쳐지는 낙조가 아름답기로 유명하다. 서로가 그리워 망부석이 된 두 개의 바위섬, 그 사이로 저물어 가는 일몰을 바라볼 때면 자연의 이치 앞에서 인생무상함을 뼈저리게 느낄 수 있다.

일몰이 아름다운 곳, 꽃지

안면버스터미널로 가는 길은 멀고도 가깝다. 동서울종합터미널에서 2시간 20분, 안면버스터미널은 여느 시골 읍내의 터미널과 같이 허름한 모양새를 하고 있다. 구멍가게 겸 매표소가 한쪽에 마련되어 있고, 그 앞에 시외로 떠나는 버스 여럿이 출발을 기다린다. 서울로 상경하는 할머니의 고된 짐들, 어딘가에서 놀러온 가족의 미소, 안면의 시골 터미널은 오가는 이를 잡지 않고 세월의 깊이에 묻혀 있다.

오래된 마을버스를 타고 꽃지로 향해 보자. 꽃지해수욕장은 3km에 달하는 안면도 최대의 해수욕장이다. 넓은 백사장과 완만한 수심, 맑고 깨끗한 바닷물, 알맞은 수온과 울창한 소나무 숲으로 이루어져 있어 해마다 100만 명이 넘는 피서객으로 붐빈다. 물이 빠지면 갯바위가 드러나 조개, 고둥, 게, 말미잘 등을 잡을 수 있다. 그리고 오른편에는 전국에서 낙조로 가장 유명한 할매 · 할배바위가 있어 일 년 내내 사진 작가들이 즐겨 찾는 곳이다.

나만의 여행정보

01 꽃지해수욕장 지천에 널려 있는 하얀색 조개들
02 일몰을 배경 삼아 서 있는 다정한 연인
03 낮게 떠 있는 태양 아래에 단란한 가족

밀물의 꽃지에 홀로 저 멀리 도망가는 태양

두 바위가 서로를 맞잡는 순간

꽃지의 하루는 길다. 썰물과 밀물 사이에서 할매바위와 할배바위는 서로의 손을 잡았다 놓곤 한다. 물이 빠질 때면 백사장 너머로 300m의 갯벌이 드러나는데, 그 순간이 두 바위가 서로를 맞잡는 순간이다. 뭍이 드러나면 싱싱한 해산물을 회로 쳐서 파는 노점상들이 해수욕장 주변에 하나둘 들어선다. 굴과 멍게가 한 소쿠리에 10,000원. 그다지 싸지 않은 가격이지만 바닷가 한복판에서 먹는 그 맛은 나름의 풍미가 있다.

꽃지의 아름다움은 해질 무렵부터 시작된다. 할매바위와 할배바위 사이로 스리슬쩍 저물어 가는 해는 마치 물감을 푼 것마냥 하늘에 색색의 그러데이션을 만들어낸다. 벌건 해 위로 층층이 쌓인 붉은 빛의 여운은 바닷물에 잠기는 할매바위와 할배바위의 애틋함처럼 자못 아련하다.

꽃지에서 다리를 건너면 방파제가 있다. 꽃지와 방포항은 구름다리 하나로 연결되어 있는데, 그 다리 위에서 바라보는 일몰 또한 아름답다. 다리를 건너 방포항 너머 방파제로 향하면, 일몰을 또 다른 각도에서 바라볼 수 있다. 두 바위를 왼쪽으로 놓고 오른쪽 바다 한가운데로 해가 저물어 가는데, 소실점을 향해 치닫는 태양의 여운은 자못 황홀하기까지 하다. 방파제 너머로 분홍빛 해가 지면 바닷가는 조금씩 어둠에 잠긴다.

방파제를 내려오면 방포 수산이다. 방포 수산에선 횟감을 그 자리에서 구입해 바로 떠서 먹을 수 있는데, 방포 수산 옆의 횟집에서 먹거나 포장해서 가지고 갈 수도 있다. 직접 양식한 광어, 우럭 따위를 팔다 보니 시중 가격대보다 훨씬 저렴하게 횟감을 구할 수 있다. 대하 철에는 대하와 더불어 풍부한 꽃게를 즐길 수 있다는 사실을 기억하자.

밤바다를 걷다 보면 할매바위와 할배바위 사이로 게슴츠레한 달이 두둥실 떠 있는 것을 볼 수 있다. 바다는 밤에도 뭍을 범하다 또다시 저 멀리 밀려나고, 어두운 해변은 파도소리만이 적막한 해변을 가득 채운다.

저무는 해가 하늘에 그려 넣는 무수한 색의 향연

Editor Upgrade _ 표류, 스티브 캘러핸

지난 1세기 동안 가장 놀라운 탐험 기록으로 꼽히는 《표류》. 무려 76일간 홀로 바다에서 표류하다 귀환한 작가가 자신의 경험을 기록한 생생한 체험담을 담은 책이다. 《표류》는 저자의 생존 비결을 담고 있을 뿐만 아니라, 홀로 표류하는 과정에서 얻게 된 성찰이 따스한 문체로 담겨 있다. 멀리 떠나는 바다여행, 지는 일몰을 바라보며 우리 또한 소실점 너머로 표류해 보는 것은 어떨까.

과거와 현재와 미래가 공존하는 철길,

군산 경암동 철길마을

영화 <건축학개론>을 보면 사랑에 빠진 두 연인이 철길 따라 발걸음을 내딛는다. 사람이 걷는 길이 아닌, 기차가 통과하는 길, 철길. 철길을 걷는다는 것은 과거로의 회귀일 수도 있고, 도착할 수 없는 미지의 종점을 향해 나아가는 미래로의 첫걸음일 수도 있다. 어린 시절 동네 어귀의 철길을 뛰놀던 어른들에게 철길은 놀이터일 것이요, 재빠른 KTX의 뒤꽁무니만 보고 자란 청소년들에게 철길은 미지의 미래일 것이다. 과거와 현재와 미래가 공존하는 철길, 그 철길을 찾아 군산으로 향해 보자.

주소 전라북도 군산시 경촌4길 14
찾아가는 길 서울 센트럴시티터미널 승차 → 군산고속버스 터미널 하차 → 군산고속버스터미널에서 85번, 86번 버스 승차 → 군산이마트 정류장에서 하차

세월이 느껴지는 철길과 인근 주택

01

01 철길 바로 옆까지 진출한 판자촌의 풍경 02 누군가의 손길이 묻어나는 빨래의 흔적
03 철길 마을 사이 골목 04 철길 끄트머리의 새빨간 판잣집 05 철길을 걷는 젊은 연인

02

세월의 무게가 얹힌 철길

전라북도 군산시 경암동에는 오래된 철길이 쓸쓸히 놓여 있다. 원래 경암동 일대는 바다였는데, 일제강점기 시절 일본인들이 땅을 메워 방직 공장을 세웠고, 해방 이후 갈 곳 없는 가난한 사람들이 자연스레 모여들어 마을이 형성되었다. 철길은 1944년 패망 직전의 일제가 신문 용지 재료를 실어 나르기 위해 준공되었는데, 구 군산역에서 조촌동에 있는 제조 회사 페이퍼 코리아까지 약 2.5km 정도 이어져 있다. 철길은 2008년 7월부터 통행을 멈췄으며, 현재는 '선로로 무단 통행하거나 철도용지를 무단으로 출입하면 2년 이하의 징역이나 1,000만 원 이하의 벌금'이라는 군산역장 경고문만이 한때 기차가 다녔음을 말해주고 있을 뿐이다.

기차가 신문용지 재료를 실어 나르던 시절에도 주민들은 철길 주변에 평상을 내놓거나 종이를 깔고 밭에서 금방 따온 나물 등을 말려 먹었다고 한다. 기차가 다니지 않는 요즘 철길은 그저 창고나 뒷마당처럼 이용되고 있을 뿐이다.

03 04 05

녹슨 철길이 이뤄내는 삶의 풍경

군산고속버스터미널에 도착해 철길마을로 향하는 길은 유람하듯 걸어갈 수 있는 거리다. 버스를 타고 이마트 앞 철길마을 중간에 떡하니 내려 녹슨 철길을 보는 것도 좋은 감상 방법이지만, 고속버스터미널에서 천천히 걸어 올라와 철길을 구경하는 방법도 있다. 유유자적하게 뻗어 있는 기찻길 위를 걷다 보면 시간을 거슬러 과거로 돌아온 기분이 든다. 마을이라 부르기에도 어색하고, 골목이라 부르기에도 어색한 철길마을엔 우리가 고풍스러운 골목에서 기대하는 모든 것들이 모여 있다. 철 지난 웨딩홀의 마크가 박혀 있는 빨래, 하도 빨아 입어서 해진 속옷, 가지각색의 양말은 빨래집게에 걸려 철길 한가운데를 누빈다. 그 모든 것들이 서민들의 생생한 삶을 이루어내며 한국 근현대사의 한 풍경을 담아내고 있다.

시간이 멈춘 철길마을

철길마을은 시간이 멈춘 듯하다. 70~80년대와 90년대의 건축 양식이 혼재된 까닭도 있지만, 세월의 무게와 가난함이 어울려 오래되고 낡은 분위기를 자아낸다. 붉은 녹이 두텁게 덮인 철로를 걷고 있노라면 다양한 색감에 새삼 놀라곤 한다. 각양각색의 문은 제 역할을 여전히 다하고, 벽들은 원색적인 빛깔을 뽐낸다. 늙수그레한 기생의 뺨에 붉은 연지를 덧입힌 마냥 어색하면서도 강렬한 그 색감들은 오히려 철길마을에 따뜻한 생명력을 선사한다.

철길마을의 가장 아름다운 풍경은 벽과 문, 창문 그리고 빨래의 어울림이다. 적막한 마을은 평면적인 모양새를 풍기는데, 그것들을 보완하는 것이 역동적인 빨래들이다. 시간이 흘러 멈춰버린 철길마을에 유일한 사람 냄새를 풍기는 빨래는 그 자리에서 자연스럽게 손을 흔든다. 아마 지나간 세월에 대한 인사일 것이다.

과거와 현재와 미래가 맞닿는 길목을 거닐며 아름다운 추억들을 되살려 보자. 어제의 기차는 지나간 세월 속에 오늘을 꿈꾼다.

01 철길을 가로지르는 빨랫줄에 걸린 빨래집게
02 철길 가운데에 두고 서로 마주 보는 조그만 집들
03 낮은 집들 사이에 사라져가는 철길

01

나만의 여행정보

Editor Upgrade _ 고양이 이야기, Mint Project

민트페이퍼의 첫 번째 프로젝트 앨범 〈고양이 이야기〉. 28팀의 아티스트가 참여해 만든 앨범은 고양이의, 고양이에 의한, 고양이를 위한 이야기들로 가득 차 있다. 어느 날 문득 집에서 키우는 고양이의 눈으로 세상을 바라보면 어떨까. 각각의 인디 아티스트들이 만들어낸 고양이 이야기를 들으며 경암동의 애교 많은 고양이들과 놀아 보는 것은 어떨까. 이번 여행에 가장 어울리는 곡은 캐스커의 '고양이와 나 part2'.

오목대로 오르는 길목에서 바라본 5월의 한옥마을

수학여행을 떠올리며,

5월의 한옥마을

5월, 풋풋한 신록이 고개를 들고 그 푸름을 발산하는 봄철, 생동하는 기운이 그 생명을 가장 역동적으로 표현해내는 봄이 오면 나는 전주를 찾는다. 고즈넉한 한옥 지붕 위로 푸릇한 기운이 번지는 봄철은 전주가 가장 아름답게 느껴지는 시기다. 자칫 밋밋해 보일 수 있는 오래된 한옥에서 느끼는 봄의 여운은 언제나 황홀한 풍경을 선사한다.

5월의 한옥마을은 멀리서 수학여행을 온 학생들로 붐빈다. 전국 각지에서 온 도시민들은 전주의 고즈넉한 풍미를 아는지 모르는지 삼삼오오 떼 지어 몰려다니느라 바쁘다.

주소 전라북도 전주시 완산구 기린대로 99
전화번호 063-282-1330(한옥마을 관광안내소)
SITE tour.jeonju.go.kr
찾아가는 길 서울역에서 전라선 승차 → 전주역 하차 → 길 건너편 오른쪽 전주역 정류장 233m 이동 → 전주역 정류장에서 119번 버스 승차 → 전동성당, 한옥마을 정류장 하차

01 02 03

고즈넉한 세월의 때가 묻은 전주 한옥마을

전주 한옥마을은 전주시 풍남동과 교동 일대에 걸쳐 700여 채의 한옥으로 이루어져 있다. 마을은 1977년 한옥마을 보존지구로 지정되어 우리 전통의 가옥 양식이 그대로 간직되어 있다. 전주 한옥마을이 형성된 시기는 1930년대이다. 일제강점기, 양곡 수송을 위해 전군 가도가 생기면서 전주부성이 허물어지자 서문 밖에 모여 살던 일본인들이 성 안으로 들어와 상권을 형성하게 되었는데, 이에 반발한 주민들이 풍남동 일대에 한옥을 지어 살기 시작했다.

한옥마을이 관광 특구로 지정되면서 수많은 카페와 게스트 하우스, 음식점들이 들어섰고 거주민의 비율이 줄어들어, 옛 한옥촌의 인간미는 상상으로 채워야 하는 아쉬움이 되었다. 한옥마을은 그저 발길 닿는 대로 골목길 어귀를 서성이며 기와와 서까래의 아름다움을 감상하면서 걷는 것이 좋다. 고즈넉한 한옥과 조화를 이루는 현대적인 풍경들은 이질적이기도 하지만 나름의 운치가 있다. 한옥마을을 둘러보는 가장 좋은 방법은 오목대에 오르는 것이다. 마을에서 가장 높은 곳에 있는 오목대에 오르면 한옥마을 전경이 보이는데, 회색의 빌딩과 적산 가옥이 둘러싼 가운데 검은 기와와 멋스러운 풍경이 한눈에 들어온다.

01 멋스러운 한옥마을의 정취 **02** 5월의 햇살이 내려앉은 한옥의 서까래 **03** 한옥마을에 수학여행을 와 단체사진을 찍는 여중생들 **04** 한옥 위로 드높게 솟은 대나무 **05** 경기전 내부 풍경 **06** 경기전 내부의 대나무 숲

01 로마네스크 양식의 전동성당 내부
02 웅장한 전동성당의 외관
03 전동성당 내부의 스테인드글라스

경기전과 전동성당

한옥마을만큼이나 사람들이 자주 향하는 곳이 경기전과 전동성당이다. 대부분의 수학여행객이 단체사진을 찍는 곳도 경기전의 초입인데, 한옥마을에 들르는 이라면 누구든 이곳에서 사진 한 장을 찍는다. 경기전은 태조 이성계의 어진을 모신 곳으로 전주 한옥마을 입구에 있어 한옥마을을 찾는 여행객이 제일 먼저 들르게 되는 곳이다. 경기전 길 건너편에는 우리나라에서 가장 아름다운 성당 중 한 곳으로 꼽히는 전동성당이 있다. 전동성당은 로마네스크 양식의 웅장함이 돋보이는데, 1914년 프와넬 신부의 설계로 7년 만에 완공되었다고 한다. 영화 〈약속〉에서 남녀 주인공이 텅 빈 성당에서 슬픈 결혼식을 올리는 장면을 촬영한 곳으로도 유명한데, 성당 내부의 둥근 천장과 스테인드글라스가 정말 아름답다. 경기전과 전동성당 말고도 한옥마을을 즐기는 방법은 여러 가지가 있다. 한옥 생활체험관에서 하루를 묵으며 다양한 전통체험 프로그램에 참여할 수도 있고, 다양한 주제의 공방들에서 직접 제품 제작에 참여할 수도 있다.

번잡한 도시를 떠나 전주로 향하자. 그 어느 곳보다 생의 약동으로 가득 찬 5월의 전주를 즐겨 보자.

오래된 다방, 삼양다방

경기전 왼쪽 뒤로 난 길을 따라 천천히 올라가다 보면, 번잡한 카페거리가 끝날 즈음에 새롭게 단장한 다방이 하나 보인다. 삼양다방은 현존하는 다방 중 가장 오래된 다방 중 하나로 1953년 전주시 완산구 경원동에서 문을 열었다. 오랫동안 지역 문화예술인들의 사랑방 역할을 해오던 다방은 2013년 6월 문을 닫았는데, 이 다방을 지키기 위한 운영위원회가 발족되고, 시민들의 노력으로 2014년 다시 문을 열었다. 이 다방은 한 사람이 아닌 세대의 문화라고 말하는 삼양다방 운영위원장의 말처럼 새로이 단장한 삼양다방에 들러 지나간 시절을 추억해 보는 것은 어떨까.

01 새로이 단장한 삼양다방의 외관 **02** 삼양다방에서 직접 만드는 쌍화차 **03** 전통과 현재가 공존하는 다방의 내부

주소 전라북도 전주시 완산구 동문길 94 **전화번호** 063-231-2238 **SITE** http://samyangdabang.alldaycafe.kr
찾아가는 길 서울역에서 전라선 승차 → 전주역 하차 → 길 건너편 오른쪽 전주역 정류장 233m 이동 → 전주역 정류장에서 119번 버스 승차 → 전동성당, 한옥마을 정류장 하차 → 경기전 뒤쪽으로 200m 직진

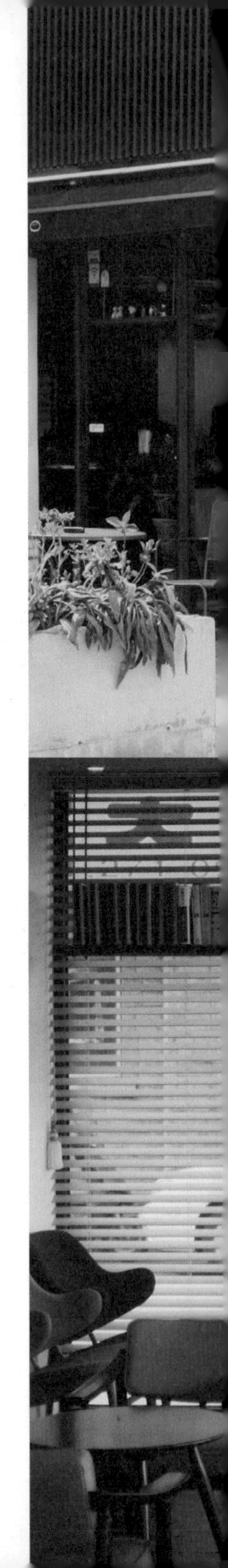

카페 안 영화관,

납작한 슬리퍼

평일 오전에 홀로 영화를 보러 갈 때면, 운 좋게 영화관 하나를 전세낼 수도 있었다. 혼자 영화관을 전세내면 마치 새로운 세상에 발을 디딘 느낌이 들었다. 하지만 커다란 영화관을 홀로 차지하기란 쉽지 않았다. 큰마음 먹고 이른 아침에 예매했다가 초등학교 단체 관람객을 만나기도 하고, 지나친 애정 표현을 하는 커플 사이에서 스트레스를 받은 적도 있었다.

주소 전라북도 전주시 완산구 전주객사 2길 24
전화번호 070-8806-3100, 070-8600-3100
이용시간 평일 11:00~22:00, 주말 09:00~22:00
이용요금 아메리카노 3,800원, 카페라떼 4,500원, 치아바타 반쪽 + 아메리카노 set 5,500원
찾아가는 길 서울역에서 전라선 승차 → 전주역 하차 → 길 건너편 오른쪽 전주역 정류장 233m 이동 → 전주역 정류장에서 551번 버스 승차 → 전주시보건소 정류장에서 하차 → 우측으로 진입 후 400m 이동 → 전주관광호텔 뒤편에 납작한 슬리퍼 위치

전주 시내에서 걸어서 10분, 한가한 거리에 있는 납작한 슬리퍼

납작한 슬리퍼 내부 전경

01

영화관 하나 전세내기

서울에서 3시간, 전주의 카페 납작한 슬리퍼에 가면 영화관 하나를 전세낼 수 있다. 일단 납작한 슬리퍼에 들어서면 통창을 통해 들어오는 햇살을 만끽할 수 있다. 조그만 선반 위로 햇살이 놓이고, 그 위에는 세계문학전집이 가득한데, 100여 권의 책 아래로 흩날리는 먼지는 따뜻한 온기를 느끼게 한다. 납작한 슬리퍼에선 나른한 커피 향과 맛있는 치아바타를 즐길 수 있는데, 커피를 즐기다 문득 영화를 보고 싶다면 지하 1층으로 발걸음을 돌리면 된다. '커피와 담배' 영화 포스터를 지나 어둑한 지하에 내려가면 조그만 영화관이 시야에 가득 찬다.

납작한 슬리퍼는 주식회사 휴림의 프랜차이즈 프로젝트로써 셰프가 오너인 프랜차이즈를 지향한다. 대부분의 휴게음식점들이 오너와 셰프가 분리되는 양상을 보이는데, 납작한 슬리퍼는 프랜차이즈이지만 획일화된 것이 아니라 오너의 색깔을 반영할 수 있는 가게를 내주는 것이다. 납작한 슬리퍼도 전주국제영화제를 대표적 투자자로 두고 있는데, 그 이유인즉 영화를 주제로 한 카페를 만들고 싶었기 때문이다.

전주국제영화제의 후원을 받았기 때문일까, 납작한 슬리퍼의 지하 영화관에선 국제영화제 기간 동안 영화 상영과 시상을 진행한다. 심사위원이 방문해 영화도 보고 평가도 하고, 배우가 들러 인터뷰를 하기도 한다. 영화제 기간 외에도 국제영화제 상영작들을 정기적으로 틀지만, 예술독립영화에 대한 관심이 상대적으로 적어 그렇게 많은 관람객이 오지는 않는다.

현재 지하의 영화관은 납작한 슬리퍼에 오는 모든 사람에게 개방되어 USB나 CD에 담아온 영화를 틀어주고 있다. 또한, 원하는 영화가 있을 시 납작한 슬리퍼에서 보유하고 있는 영화라면 기꺼이 틀어주기도 한다. 물론 커피 한 잔은 마셔야 하지만, 5,000원이면 영화관 하나를 전세낼 수 있으니 이보다 황홀한 경험이 어디 또 있겠는가?

01 납작한 슬리퍼의 지하 영화관
02 납작한 슬리퍼의 외관
03 통창으로 햇살이 들어오는 납작한 슬리퍼

치아바타와 아메리카노 음미하기

납작한 슬리퍼는 치아바타라는 이탈리아 빵의 한국식 표현인데, 이탈리아 남부지방에서 즐겨 먹는 빵으로 두께가 두껍지 않아 반으로 갈라 샌드위치용으로 많이 사용된다. 치아바타는 밀가루 본연의 맛이 나는 쫄깃하고 담백한 빵인데, 납작한 슬리퍼의 치아바타는 밀과 잡곡을 48시간 발효하는 숙성 과정을 거치고, 햄과 단호박, 몬테리잭 치즈 등으로 속을 가득 채워 나와 그 푸짐함이 한 끼 식사로도 충분하다.

납작한 슬리퍼의 아메리카노는 레드, 블루, 화이트로 나뉜다. 레드는 콜롬비아, 인도네시아, 브라질 생두를 블렌딩하여 중배전한 원두로, 톡 쏘면서 깔끔한 맛이 특징이다. 깊고 부드러운 커피를 마시고 싶다면 블루를 권한다. 콜롬비아, 과테말라, 탄자니아, 브라질 생두를 블렌딩하여 강배전한 블루는 깊은 맛이 일품이다. 신맛을 좋아하는 이에게는 약배전하여 고소한 화이트가 좋겠다.

납작한 슬리퍼의 대표 메뉴 치아바타는 하루 20개 정도로 한정 판매되는데, 영화를 보면서 먹는 맛 또한 색다르다. 홀로 영화를 보고 싶을 때, 담백한 풍미가 일품인 치아바타 샌드위치를 먹고 싶을 때, 전주의 납작한 슬리퍼에 가보는 건 어떨까?

Editor Upgrade _강아지 이야기, Mint Project

〈고양이 이야기〉와 같이 기획된 민트페이퍼의 첫 번째 프로젝트 앨범. 28팀의 아티스트가 참여해 만든 앨범은 강아지의 이야기를 즐겁게 담고 있다. 가깝고도 먼 추억 속에서 동화 같은 풍경을 만들어내는 앨범은 각각의 아티스트들의 개성에 맞물려 재미있는 앨범을 만들어냈다. 전주의 납작한 슬리퍼에는 일명 납슬이라 불리는 마스코트 강아지가 한 마리 있다. 이 앨범과 함께 한다면, 여행이 끝난 후에도 앨범을 들으며 납슬이의 복슬복슬한 털을 떠올릴 수 있을 것이다.

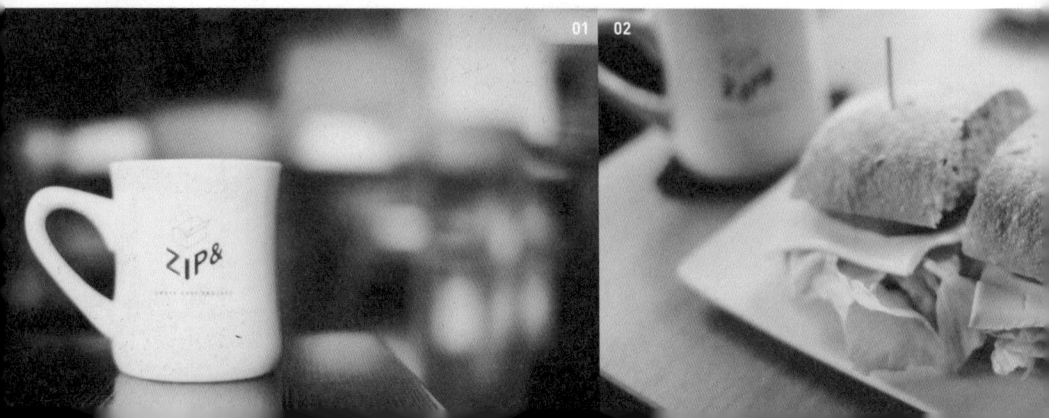

01 ZIP & ZIFF 로고가 박혀 있는 카페의 머그컵
02 하루에 20개만 준비되는 치아바타
03 납작한 슬리퍼에 구비되어 있는 세계문학전집
04 주문하는 곳

SEOUL

1hour
Gyeonggi-do

2hours
Incheon

3hours
Daejeon

다섯 시간,
시작의 끝,
끝의 시작

4hours
Jeollabuk-do

5hours
Busan

서울에서 다섯 시간 혹은 그 이상. 일상의 끝자락에 있는 도시들을 여행할 적이면 설레는 마음을 주체할 수 없었다. 분명 같은 시간대를 공유하는 데도, 왠지 몇 겹의 시간을 건너뛴 느낌이 들었기 때문이다. 내 여행의 시작점은 누군가의 일상이 끝나는 지점과 맞닿아 있었다.

* 소요시간은 편도를 기준으로 합니다.

김광석의 노래가 흘러나오는 김광석 다시 그리기 길

김광석의 노래가 흘러나오는,

김광석 다시 그리기 길

문득 김광석의 노래가 듣고 싶을 때가 있다. 곁에 잠깐 머물다 간 임이라서 더욱 그리운지도 모른다. 1980~1990년대를 풍미했던 그가 우리의 마음에서 조금씩 사그라지는 이때에 온종일 김광석의 노래가 흘러나오는 곳이 있다. 대구 방천시장 옆 김광석 다시 그리기 길. 김광석의, 김광석에 의한, 김광석을 위한 길이 대구 한복판에 펼쳐져 있다.

주소 대구광역시 중구 달구벌대로 450길
전화번호 053-661-3328(김광석길 관광안내소)
SITE kimkwangseok.or.kr
찾아가는 길 서울역에서 경부선 승차 → 동대구역 하차 → 동대구역 건너편 정류장까지 약 250m 이동 → 동대구역 건너편 정류장에서 303번 버스 승차 → 방천시장 건너 정류장에서 하차 → 방천시장까지 약 200m 걷기 → 방천시장 끝자락까지 이동 김광석 다시 그리기 길

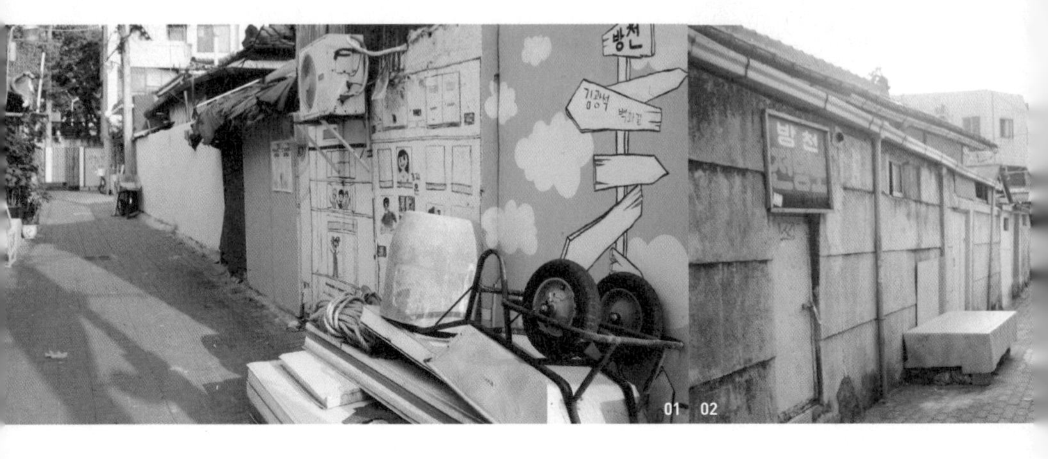

01 02

김광석을 추모하다

1989년 1집 때부터 김광석은 당시 젊은이들로부터 선풍적인 인기를 얻었다. 전국투어콘서트 1,000회 돌파 기록을 보유한 그의 자살 소식은 그 인기만큼이나 많은 팬들을 안타깝게 했다. 그런 고(故) 김광석을 추모하며 만들어진 길이 '김광석 다시 그리기 길'이다. 1980~1990년대를 대표하는 가수인 김광석이 대구 대봉동 출신이라는 점에 착안해 기획된 길엔, 김광석의 삶과 노래를 엿볼 수 있는 작품들이 가득하다.

이 골목길 담벼락에는 김광석을 추모하는 벽화와 글들이 빼곡하게 채워져 있다. 길 곳곳에 설치된 모퉁이 오디오에서 흘러나오는 김광석의 노래들은 옛 추억을 떠올리게 해주며 150m 남짓의 길목에는 그를 추억하는 사진, 그림, 조각, 글귀 등이 길을 따라 전시되어 있다.

01 방천시장 너머의 골목에 그려진 다양한 벽화들
02 세월의 때가 묻은 오래된 전당포와 거리
03 김광석 다시 그리기 길의 주인공, 김광석
04 김광석 다시 그리기 길의 다양한 설치 작품

낯선 대구의 골목길 사이로 김광석의 노래만이 흐른다

동대구역에서 내려 버스를 타면 낯선 대구의 풍경이 펼쳐진다. 대부분의 대도시가 그러하듯 대구도 드높게 솟아 있는 몇 개의 빌딩을 제외하곤 오래된 건물들로 빼곡하다. 30여 분 버스를 타면 김광석 다시 그리기 길이 위치한 방천시장 맞은편에서 내릴 수 있다. 방천시장은 한때 대구의 3대 시장으로 불리었으나 세월이 지나 여러모로 활기를 잃어가고 있었다. 그런데 2009년 문화체육관광부가 후원하는 문전성시 프로젝트의 대상으로 선정되면서 그 색깔을 다시 찾게 되었다.

골목을 더욱 풍성하게 해주는 다양한 색감의 벽화들

고 김광석을 추모하며 그려진 다시 그리기 길의 벽화

방천시장의 문전성시 프로젝트의 결과가 김광석 다시 그리기 길이다. 2009년에 추진된 여러 프로젝트를 통해 선정된 11팀의 작가들이 방천시장에 입주해 그들의 작업실을 일반인에게 공개했고, 그해 5월과 6월에는 작품을 전시하기도 했다. 시장의 빈 점포에는 문화 갤러리가 생기고, 조그만 점포 하나하나 그들을 대표하는 사진 한 장이 천장에 걸려 점포를 소개하는 천막으로 탈바꿈되었다. 사실 문전성시 프로젝트 이전의 김광석 다시 그리기 길은 각종 쓰레기를 쌓아 놓는 지저분한 곳이었지만, 프로젝트 이후 젊은 예술가들의 창의적인 아이디어가 그저 어둡기만 했던 골목을 다양한 예술 작품들로 가득 채워냈다.

김광석 다시 그리기 길의 풍경

벽화 관람에 있어서 또 다른 재미는 벽화와 하나가 되어 찍는 사진이다. 길 한가득 사진 속의 주인공이 될 수 있는 의자와 창문, 거울, 공중전화 등 다양한 소품이 마련되어 있으니 김광석의 노래를 들으며 그의 품에 안겨 사진을 찍는 것도 김광석 다시 그리기 길을 즐기는 좋은 방법의 하나라 할 수 있다. 벽화는 정체되어 있지 않고 계속 새롭게 덧입혀지니 여행가는 김에 함께 사진을 찍는 것도 좋은 추억이 될 것이다.

나만의 여행정보

또 다른 오래된 골목, 북성로 공구골목

사실 모든 예술 사업이 그렇듯, 김광석 다시 그리기 길도 민관의 갈등이 없지는 않았다. 시장을 살려보고자 했던 민간의 노력은, 성과를 쌓으려는 관의 입김에 좌지우지되기 마련이었고, 심지어는 관에서 포맷을 그대로 가져다 쓰는 경우도 부지기수였다. 현재에도 다시 그리기 길은 제자리에서 김광석을 추모하고 있지만, 대부분의 예술가는 관과의 갈등, 젠트리피케이션을 이유로 다시 그리기 길을 떠났다.

김광석 다시 그리기 길을 떠나 다수의 예술가가 향한 곳은 아직 발전이 덜 된 북성로 공구골목이다. 골목은 해방 이후 근처에 미군 부대가 생기면서, 공구 상회들이 옮겨 와 거리를 형성하게 되었는데, 당시에는 많은 요정과 다방이 있었던, 예술가들의 공간이었다고 한다. 이후 다양한 공구 가게들이 있는 골목에는 도시 재생 사업의 일환으로 독립 서점, 근대 건물을 활용해 만든 카페와 문화 공간들이 들어섰다. 근대의 모습이 그대로 남아 있는 건물에 들어선 다양한 예술 공간들. 대구역으로 돌아가는 귀갓길에서, 아직은 조용한 골목을 거닐며 여행을 마무리해 보자.

북성로 공구골목
주소 대구광역시 중구 북성로 1가
찾아가는 길 서울역에서 경부선 승차 → 대구역하차 → 대구역 앞 대구역 사거리에서 한 시 방향으로 300m 이동 김광석 다시 그리기 길

김광석 다시 그리기 길 총예술 감독 손영복 작가

Editor Upgrade _김광석 인생이야기, 김광석

한국 최고의 싱어송라이터 김광석의 라이브 앨범. 1996년 그가 세상을 떠나기 반년 전 가진 학전 공연 실황을 발췌한 앨범이다. 〈서른 즈음에〉를 타이틀로 수록되어 있는 열다섯 곡을 들으며 김광석 다시 그리기 길을 걷는 것도 즐거울 것이다.

달달한 커피 향이 풍기는 빛바랜,

대구 미도다방, 하이마트

"어르신들도 역사가 있는 옛날 우리 것이라고 많이들 좋아하시더라고요. 그분들에겐 옛날 당신이 접했던 곳이니까요. 안 변하는 그런 것을 그리워하는 거예요, 인간이니까. 저는 그것에 대해 자부심을 품고 있어요. 저희 다방은 대한민국 다방입니다." 시간이 멈춘 듯한 대구의 미도에서 옛 추억, 옛 시간을 고스란히 담아보자.

미도다방

주소 대구광역시 중구 진골목길 14

전화번호 053-252-9999

이용시간 09:30~22:00, 명절 당일 휴무

이용요금 설록차 2,000원, 홍차 6,00원, 각종차 2,000 ~3,500원

찾아가는 길 서울역에서 경부선 승차 → 대구역 하차 → 대구 지하철 1호선 대구역 승차 → 중앙로역 1번 출구 → 200m 도보로 이동 → NH 농협은행에서 좌측으로 진입 → 100m 도보로 이동 후 왼편에 미도다방 위치

달달한 커피 향이 풍기는 빛바랜 대구 미도다방

하이마트 고전음악 감상실

주소 대구광역시 중구 동성로 6길 45

전화번호 053-425-3943

이용시간 연중무휴, 10:00~21:00

이용요금 1인 5,000원

SITE heimat.or.kr

찾아가는 길 대구 지하철 중앙로역 2번 출구 → 50m 도보로 이동 후 좌측으로 진입 → 400m 도보로 이동 후 왼편에 하이마트 위치

01

오래된 다방에 길을 묻다, 미도다방

미도다방은 대구광역시 중구 종로2가에서 1928년에 시작되어 거의 100년 동안 자신의 자리를 지키고 있다. 다방은 옛날에는 문인들의 전당으로, 현재는 모두의 추억을 곱씹는 공간으로서 제 역할을 하고 있다. 미도다방은 옛 친구의 근황을 묻고, 따뜻한 쌍화차와 전병을 먹으며 하루를 보낼 수 있는 공동체 장소이다. 푹신한 의자와 마음대로 타 먹을 수 있는 설탕과 크림이 듬뿍 제공되는 공간, 곱게 한복 차려 입은 나이 지긋한 마담이 나와 밝은 미소로 당신을 맞아주는 공간으로 가 보자.

대구 지하철을 통해 대구역과 한 정거장 거리에 위치한 중앙로역에 내리면, 대구의 명동, 동성로가 있는 곳이다. 중앙로역 1번 출구로 나와 쭉 걷다 세 번째 골목에서 오른쪽으로 꺾으면 저 멀리 에메랄드빛 간판의 미도다방이 보인다. 간판엔 큼지막하게 '미도다방'이라는 글자가 쓰여 있다. 미도다방의 현재 마담은 정인숙 씨다. 오랜 세월 주인이 바뀌고 옮긴 미도에서 그녀는 37년째 커피를 팔고 있다. 사실 미도다방은 하루도 쉬는 날이 없다. 대구와 서울에서, 미국에서 옛 추억을 곱씹으러 오는 이들이 있기 때문이다. 예전 대구는 문인들의 전당이었다. 따로 사무실이 없던 그 시절엔 대학 교수, 작가, 화가들 모두 다방으로 향했다. 시평과 그림평이 열리곤 했던 예술 공간은 시간이 흘러 지나간 세월과 마주하는 만남의 장소가 되었다. 예나 지금이나 그런 미도다방은 굳건히 자신의 자리를 지키고 있다.

덜컹대는 기차를 타고 대구의 달달한 커피 향이 묻어나는 미도에 앉아 담뿍 내오는 전병과 함께 다방 커피를 마셔 보자. 4,000원이면 누릴 수 있는 쌍화차의 호사 또한 빼놓을 수 없다. 달걀 노른자 동동 띄워 잣, 호두 등 각종 견과류가 함께 나오는 쌍화차를 마시면 온몸의 나른함이 한번에 가실 것이다.

나만의 여행정보

01 미도다방 내부 계산대 앞의 모습
02 미도다방의 마담 정인숙 대표
03 미도다방의 향긋한 쌍화차
04 밖에서 바라본 미도다방

고전음악 감상실, 하이마트

"내 인생의 한 부분엔 반드시 하이마트가 숨 쉬고 있어요, 그때 나에겐 하이마트와 음악이 전부였으니까."

미도다방 근처, 걸어서 10분 정도 거리에 오랜 세월을 견뎌낸 또 다른 장소가 있다. 번화한 동성로를 지나 굽이굽이 골목으로 들어가면 노란 간판 하나가 보인다. 선명한 노란 간판의 하이마트는 홀로 대구 한구석을 지키고 있다. 주인 김순희 씨는 1957년에 문을 연 하이마트 고전음악 감상실과 한평생을 함께했다. 대학생 시절, 하이마트를 시작한 아버지가 돌아가시고, 그녀는 아버지의 유지를 잇고자 가업을 물려받았다.

하이마트 한쪽엔 커다란 턴테이블과 오래된 LP가 빼곡하다. 세월의 무게가 담긴 누런 먼지는 빛바랜 색깔로 음악 감상실을 떠다닌다. 하이마트가 한참 인기를 끌던 1970년대에는 하루에 400명이 줄을 서서 입장할 정도였다고 한다. 독일어로 '고향'이라는 뜻을 지닌 하이마트는 50년이 넘는 세월의 무게를 얹고 아직도 LP 음반의 깊은 맛을 뿜어낸다.

하이마트는 입장료 5,000원을 내고 들어가면, 온종일 머물며 여러 종류의 차와 함께 클래식 음악을 감상할 수 있다. 본인이 좋아하는 음악을 신청해도 좋고, 클래식을 잘 모른다면 주인에게 음악 추천을 부탁해 보는 것도 좋다. 오전에는 문이 잠겨 있을 수도 있는데, 이럴 땐 바로 위층 가정집의 초인종을 누르면 김순희 씨가 반겨줄 것이다.

하이마트의 푹신한 의자에 가만히 앉아 오래된 클래식을 들으면 세월의 무상함이 느껴질 것이다. 문득, 다방 커피가 생각날 땐 대구로 내려가자.

01 고전음악 감상실 하이마트의 레코드판 보관실
02 오랜 세월을 견뎌낸 하이마트의 턴테이블
03 번잡한 동성로에서 눈에 띄는 노란 하이마트 표지판

Editor Upgrade _어디서 무엇이 되어 다시, 이상운

1997년 등단 후, 2006년 《내 머릿속의 개들》로 제11회 문학동네 작가상을 수상한 작가 이상운의 장편소설. 1970~1980년대를 주 배경으로 한 여자와의 운명적인 만남과 이별을 그려냈다. 과거의 풍경과 현재의 이야기가 절묘하게 맞아떨어지는 작품. 어딘가 낡은 과거의 이야기로 발걸음하는 이에게 꼭 권해주고 싶은 책이다.

이름만 들어도 설레는 마을, 동피랑

동쪽 벼랑에 맺힌 바다 햇살,

동피랑

이름만 들어도 설레는 마을이 있다. 밖으로는 바다가 훤히 내다 보이고, 그 안으로는 정겨운 벽화로 가득한 마을, 벽화와 벽화 사이를 살아가는 이들의 일상이 가득한 마을, 통영의 동쪽 벼랑에 자리 잡은 벽화마을, 바로 동피랑이다.

주소 경상남도 통영시 동피랑 1길 6-18

찾아가는 길 서울고속버스터미널 승차 → 통영종합버스터미널 하차 → 통영종합버스터미널 정류장에서 101번 버스 승차 → 중앙시장 정류장 하차 → 중앙시장 뒤 언덕 동피랑으로 200m 이동

하늘과 파도 바람이 머무는 동피랑

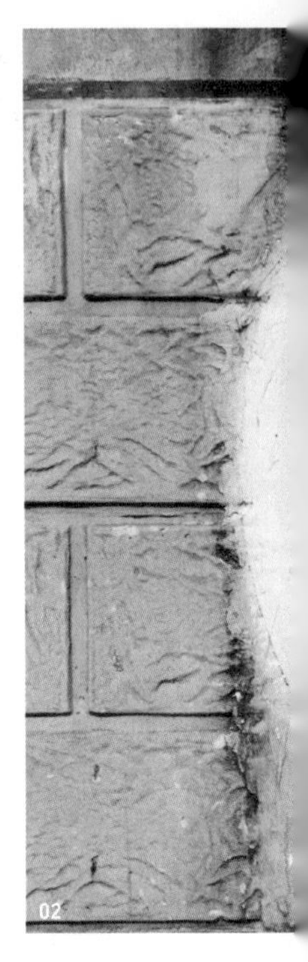

02

동피랑은 '동쪽에 있는 비탈'이라는 뜻으로 통영시 정량동, 태평동 일대의 산비탈 벽화마을을 일컫는다. 벽화가 그려지기 전 동피랑은 철거 예정지에 불과했다. 통영시는 애초에 마을을 철거하고 충무공이 설치한 옛 통제영의 동포루를 복원하려고 계획했는데, '푸른 통영 21'이라는 시민 단체가 현지를 답사하여 이 지역을 일괄 철거하기보다는 지역의 역사가 녹아 있는 골목 문화로 재조명해 보자는데 의견을 모아 벽화 사업을 진행하게 되었다. 동피랑은 일제강점기 통영항과 중앙시장에서 일하던 외지 하층민들이 기거하면서 자연스레 만들어진 서민들의 안식처이다. 현재 70여 가구가 모여 사는 동피랑은 재개발의 칼바람에서 대한민국 공공 디자인의 대명사로 거듭났다. 야트막한 뒷산 마냥 펼쳐진 마을에 하늘과 파도와 바람이 머무는 동네, 동피랑의 벽화를 보러 가 보자.

01

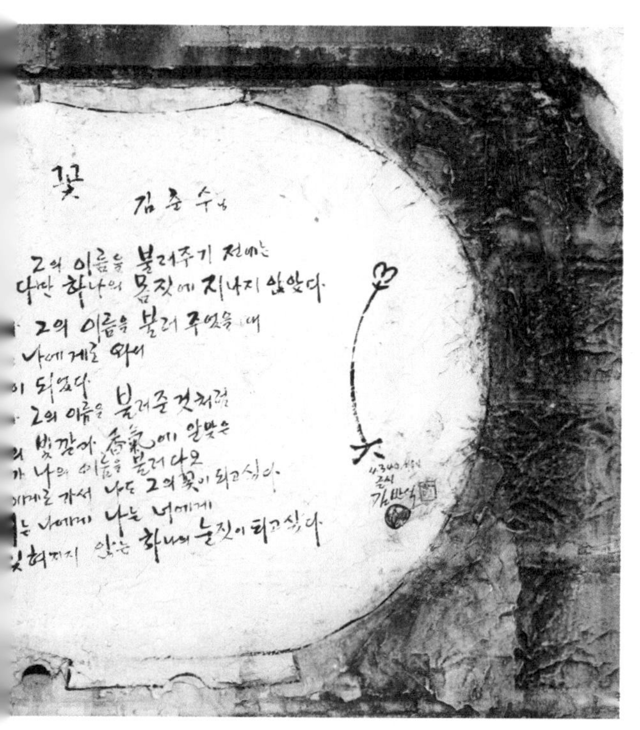

01 골목의 집을 가득 채운 아기자기한 벽화
02 담벼락에 쓰여진 김춘수 시인의 〈꽃〉
03 동피랑 언덕 초입의 기린 벽화
04 동피랑 입구에 그려져 있는 심슨
05 높은 언덕의 동피랑 옆으로 보이는 통영의 하늘
06 동피랑의 파란 하늘과 어우러진 하늘색 동피랑 벽화

나만의 여행정보

01

아름답고 다양한 벽화의 산실, 동피랑

통영종합버스터미널에서 101번을 타면 중앙시장에 닿는다. 중앙시장으로 가는 길목은 통영 시내를 통과하는데, 통영의 가장 번화한 모습 중 하나이니 눈에 담아 가는 것도 좋다. 약 30분 동안 16개의 정류장을 거치면 통영중앙시장에 도착한다. 중앙시장 뒤편에 동양의 몽마르트르, 동피랑이 자리하고 있다. 동피랑은 첫 번째 전국 벽화 공모전인 '담벼락 그림 공모전'을 통해 전국 각지 19개 팀 36명의 미술학도가 골목 곳곳을 그려낸 벽화로 다시 태어났고, 여세를 몰아 2010년 두 번째 벽화전 '동피랑 부르스'에 이어 2012년 세 번째 '땡큐 동피랑' 벽화전이 열려 마을의 벽에 활기를 불어넣었다. 예술이 마을과 실핏줄 같은 골목을 살려낸 것이다.

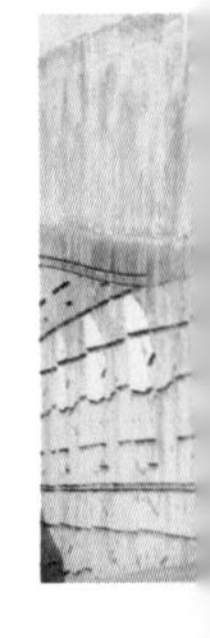

동피랑에 오르면 시원한 바닷바람을 맞으며 아래로 펼쳐진 아름답고 다양한 벽화들을 볼 수 있다. 김춘수의 시부터 동피랑을 뛰어노는 물고기, 새빨간 동백과 서로의 입을 맞추는 기린, 새빨간 등대, 왕관을 쓴 공룡까지 그 종류도 각양각색이다. 동피랑이 가장 아름다운 순간은 태양이 드높게 떠 있는 오후 1~2시 사이이다. 정오의 태양은 드높게 떠 동피랑 골목골목을 비추는데, 평소 빛을 받지 못하던 골목 사이사이에 태양이 자취를 드리우면 그 풍경이 여느 때와 사뭇 다르게 보인다. 밝은 햇볕이 맺힌 동피랑은 아름다움을 뽐낸다.

벽화로 가득한 동피랑은 이제 비탈길 언덕배기의 가난한 집단촌이 아니라 그림이 있는 골목, 역사와 문화가 살아 있는 골목이다. 동피랑에는 마을 공동체가 운영하는 동피랑 점방과 할머니 바리스타들이 운영하는 동피랑 구판장, 일명 동피랑 벅스가 있고, 바그다드 카페를 잘못 알아들어 파고다 카페라고 이름 지은 늙은 할아버지의 구멍가게도 동피랑의 풍경 하나를 담당한다. 동피랑에 들어서면 빨리빨리 벽화 사진만 찍고 지나갈 것이 아니라 골목 사이에 가만히 서서 그 풍경 너머에 담긴 삶의 애환을 느껴 보자.

01 동피랑 아래로 보이는 강구안과 통영 앞바다
02 통영 중앙시장과 맞닿은 골목의 벽화
03 파고다 카페 맞은편의 벽화
04 이른 봄에 피어난 동피랑의 꽃

02 03 04

높은 언덕에 그려져 있는 벽화

벽화마을 펄럭이며 손을 흔드는 빨래들

통영 그리고 동피랑

사실 동피랑이 위치한 통영은 그 풍광이 아름답기로 소문난 지역이다. 통영항에서 뜨는 배편을 타고 소매물도며 비진도며 아름다운 한려수도를 감상할 수 있으며 바다를 그저 멀리서 지켜보고 싶다면 케이블카를 타고 미륵산에 올라 드넓게 펼쳐진 남해를 구경하는 것도 좋다. 동피랑에서 그리 멀지 않은 달아공원은 전국의 사진가들이 몰려오는 일몰의 명소이고, 동피랑 아래 중앙시장에서 떠먹는 회는 그 어느 지역보다도 저렴하고 푸짐하니 통영에 들러 회를 마음껏 먹어보는 것도 좋을 듯하다.

아기자기한 벽화 사이로 우리의 오래된 일상을 엿볼 수 있는 동피랑으로 바다여행을 한번 해보는 것은 어떨까?

Editor Upgrade _맛, 뮈리엘 바르베리

《고슴도치의 우아함》으로 국내에서 선풍적인 인기를 몰았던 프랑스 작가 뮈리엘 바르베리의 출세작. 세계 음식책상 문학 부문 최고상을 수상한 작품이다. 《맛》은 심장병에 걸려 단 이틀만 살 수 있다고 선고받은 세계 최고의 요리 평론가인 화자가 마지막으로, 기억 속에서 잊혀 버린 어떤 맛을 찾는 이야기를 담아냈다. 뮈리엘 바르베리의 《맛》은 세상에서 가장 맛있는 책이다. 통영의 중앙시장에 들러 회를 한 소쿠리 사다 먹는다면 읽어야 할 소설. 특히나 '날것'에 관해 꼭 읽어볼 것.

서쪽 벼랑의 일상, 서피랑

통영 시내를 동쪽에서 감싸 안은 모양새의 동피랑이 있다면, 서쪽 절벽 쪽에는 서피랑이 있다. 서피랑 또한 언덕 위에 자리 잡은 조그만 마을인데, 동피랑과 달리 벽화가 그려져 있지는 않다. 하얀색 페인트와 파란색 페인트로 칠해진 서피랑 위에 오르면 강구안과 동피랑 전망대, 그리고 탁 트인 통영 시내도 한눈에 볼 수 있다. 특히 서피랑에는 파랗게 칠해진 물탱크가 가득하다. 파란 하늘을 머금은 듯한 물탱크 너머로 펼쳐진 통영의 삶을 느껴 보는 것도 좋을 것이다.

01 서피랑으로 올라가는 입구 **02** 골목 사이로 보이는 동피랑과 통영 시내 **03** 서피랑에 가득한 파란색 물탱크

주소 경상남도 통영시 서호동 **찾아가는 길** 서울고속버스터미널 승차 → 통영종합버스터미널 하차 → 통영종합버스터미널 정류장에서 101번 버스 승차 → 문화마당 정류장에서 하차 → 왼쪽 언덕 위의 서피랑으로 약 200m 이동

오래된 다방,

문화공간 흑백

꽃 피는 봄이 오면 흩날리는 벚꽃을 맞으러 진해로 발길을 옮긴다. 진해는 해군사령부, 해군사관학교가 있는 군항도시로 벚꽃이 아름다운 도시이다. 진해에선 매년 벚나무 개화 시기가 되면 군항제가 열리는데, 4월의 진해는 전 시가지가 벚꽃으로 뒤덮여 장관을 이룬다. 벚꽃이 만개한 진해에는 오래된 커피 향이 흐른다. 흑백을 추억하는 때 지난 커피다.

주소 경상남도 창원시 진해구 백구로 57
전화번호 010-9910-2421
이용요금 무료
SITE blog.naver.com/bechstein
찾아가는 길 서울고속버스터미널 승차 → 진해시외버스터미널(4시간 20분 소요) 하차 → 진해시외버스터미널에서 길 건너 10m 직진 후 좌측으로 이동 → 50m 직진 → 남원로터리에서 우측으로 진입 후 200m 직진 → 중원로터리에서 좌측으로 흑백 위치

1955년에 지어진 오래된 흑백의 건물

01 시민 문화공간 흑백의 내부 모습
02 흑백 공간 내부에 있는 간판
03 흑백을 방문하는 이에게
유경아 씨가 손수 타 주는 커피
04 고 유택렬 화백의 소장 작품들
05 흑백 내부 모습
06 방문객을 위한 커피

오래된 다방의 향기에 젖다, 흑백

진해에는 오래된 문화공간, '흑백'이 있다. 1955년 '칼멘'으로 시작해서 예술적 공간이라곤 하나도 없었던 시절 미술 전시회와 연주회, 시낭송회, 연극 공연 등을 진행하며 진해의 문화 사랑방 역할을 해온 곳이다. '흑백'은 전쟁 직후 '칼멘'이라는 상호로 열렸다. 그 당시에는 클래식 음악을 들으며 차를 마실 수 있는 공간이었는데, 고(故) 유택렬 화백이 인수하여 기쁜 소식을 전해주는 까치를 모티브로 '흑백'이라 이름 지어 오늘에 이르고 있다.

'흑백'은 이중섭과 윤이상, 청마 유치환과 미당 서정주 그리고 김춘수가 거쳐 갔으며, 군인들과 연인의 만남의 장소였다. 또한 정일근 시인은 세월이 가도 변하지 않는 이곳을 가리켜 사진첩 속의 흑백 사진에 비유하기도 했다. 영화 촬영 장소로도 주목을 받아 2011년 8월에는 영화 〈화차〉가 촬영되기도 했다. 흑백의 간판은 유택렬 화백의 필체를 그대로 살린 것으로, 현재 흑백을 운영하는 그의 딸 유경아 씨가 직접 확대 제작해 걸어 놓았다. 사실 흑백은 2008년까지는 '흑백다방'이라는 이름이었다. 35평의 그리 넓지도 않은 공간의 1층은 오래된 다방으로, 2층은 고 유택렬 화백의 화실로 사용됐는데, 유택렬 화백이 별세한 1999년 이후에는 피아니스트인 차녀 유경아 씨가 뒤를 이어 흑백을 경영했다. 유경아 씨는 흑백에서 연극 공연과 자신의 독주회 등 여러 가지 문화 공연을 선보였는데, 영리 목적으로 운영하지 않으면 다방 간판을 내려야 한다는 시청의 통보를 받아 끝내 50년이 넘게 유지된 다방 간판을 내렸다.

04 05 06

01 고 유택렬 화백 상설전시
02 흑백의 책장에 빼곡한 책들
03 정기 피아노 연주회가 열릴 때 사용되는 무대

추억이 묻은, 때 지난 커피를 마시다

흑백에 들어서면 낡은 목재 위로 고 유택렬 화백의 그림들이 가득하다. 비구상 계통의 서양 화가로 이름을 날린 유 화백의 대표작들이 흑백에 상설전시되고 있다. 작품 아래에는 오래된 책들과 악보가 있고, 한쪽에는 피아노가 놓여 있다. 피아노 앞으로는 음악회를 위해 편안한 좌석들이 일렬로 배치되어 있고, 그 오른쪽 벽면엔 당시 레코드판을 틀던 음악실이 있다. 푹신한 좌석에 앉아 흑백의 배경 음악을 듣노라면, 오래된 다방 안의 아름다운 그림들과 함께 옛 정취를 마음껏 느낄 수 있다.

언제든 사람을 반기는 흑백은 요일 대중없이 열린다. 현재 흑백의 간판은 내렸지만 다양한 형태의 기획을 통해 진해의 문화 사랑방 역할을 자처하고 있다. 매주 토요일 오후 5시엔 해설이 있는 음악 감상회, 영화가 있는 음악회, 피아노 연주회 등이 진행되며, 일 년 내내 고 유택렬 화백 상설전과 다양한 음악회가 열린다. 대부분의 전시회와 음악회는 무료이며 대신 입구에 작은 후원금 통이 놓여 있다. 흑백은 더 이상 다방이 아니다. 그냥 흑백일 뿐이다. 단지 차 마시는 공간이 아닌, 우리 근대사의 한 페이지를 차지하는 문화 공간이다. 느림의 미학을 느낄 수 있는 곳, 흑과 백의 단순한 조화가 아름다운 곳, 흑백에서 따뜻한 커피 한잔을 음미해 보는 것은 어떨까?

나만의 여행정보

03

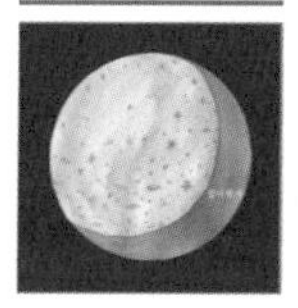

Editor Upgrade _금요일 일기, 설이왕자

여기 서른한 살 청년 설이왕자의 꿈이 있다. 〈새로운 시작〉을 뒤로 하고 두 번째로 뗀 발걸음이다. 애매한 불협화음으로 시작해 소수자 혹은 대중의 이야기를 담아낸 '부적응자'와 진하디 진한 위안을 건네는 '금요일 일기'는 이번 진해 여행에 딱 어울리는 곡들이다. 설이왕자의 차분한 신시사이저 연주에 빠져 보자. 감미로운 목소리가 살짝 얹힌 연주를 가만히 따라가다 보면 여행이 더욱 즐거워질 것이다.

감정초등학교에서 바라본 다양한 빛깔의 감천동

멀리 바라본 감천동과 바다 풍경

여러 가지 빛깔의 집들이 넘치는,

감천 문화마을

부산은 일상의 끝자락에 있는 도시다. 분명 같은 시간대를 공유하는데도, 부산의 소식을 들으면 괜히 몇 겹의 시간이 덧입혀진 이야기를 듣고 있는 듯하다. 그렇게 멀고도 먼 부산에 갈 때면 항상 가던 곳이 있다. '한국의 산토리니'라고 불리는 다양한 빛깔의 집들이 빼곡하게 있는 마을, 바로 감천동 문화마을이다.

주소 부산광역시 사하구 감내 2로 203
전화번호 051-204-1444(감천문화마을 안내센터)
SITE gamcheon.or.kr
찾아가는 길 서울역에서 경부선 승차 → 부산역 하차 → 부산 지하철 1호선 부산역 승차 → 토성동역 6번 출구 → 부산대학병원 암센터 앞, 마을버스 2-2번 승차 → 감정초등학교 정류장 하차 → 길 건너편 일대 감천동 문화마을

한국의 산토리니, 감천 문화마을

부산 사하구 감천 2동에 있는 감천 문화마을은 덜덜거리는 마을버스를 타고 언덕을 끝없이 오르면, 산자락 따라 지붕 낮은 집들이 다닥다닥 붙어 있는 모습이 그리스의 산토리니와 꼭 닮았다 하여 한국의 산토리니라고 불린다. 마을을 가장 잘 조망할 수 있는 곳은 마을 언덕 위에 있는 하늘마루이다. 하늘마루는 감천 문화마을 프로젝트를 안내하고 관련 자료를 전시하는 공간인데, 옥상 전망대에 오르면 용두산을 포함한 부산항과 감천항 방면을 함께 바라볼 수 있는 확 트인 전망을 가지고 있다.

감천 문화마을은 한때 태극도 마을이었다. 태극을 받들어 도를 닦아 성인이 된다고 믿는 태극도 신자 4,000여 명이 모여 집단촌을 이루었기에 붙여진 이름이다. 이곳은 한국전쟁 당시 전국의 태극도 신도들이 모여들면서 그 이름이 널리 알려졌고, 사진가들에 의해 출사지로 이름을 떨치기 시작했다. 지금은 그때 살던 사람들이 많이 떠나고 부산을 대표하는 달동네로 남아 있다.

01

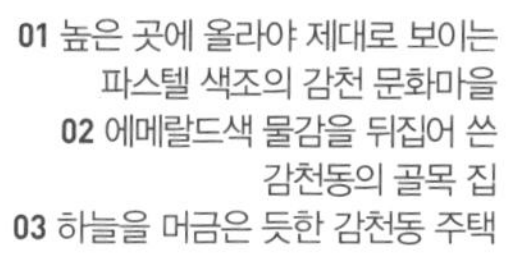

01 높은 곳에 올라야 제대로 보이는
파스텔 색조의 감천 문화마을
02 에메랄드색 물감을 뒤집어 쓴
감천동의 골목 집
03 하늘을 머금은 듯한 감천동 주택

감천동의 가장 높은 초등학교, 감정초등학교

감천 문화마을 너머로 보이는 부산 앞바다

비좁은 골목을 올라야 다다르는 마을

감천 문화마을로 가는 길은 그리 어렵지 않다. 지하철 부산역에서 1호선을 타고 토성역에서 하차 후 버스 한 번만 타면 된다. 감천 문화마을 여행의 백미는 사실 그 조그만 버스 탑승인데, 드높은 언덕을 끝없이 오르고 오르는 미니버스를 타고 있노라면, 색색이 감천동 풍경들이 조금씩 눈에 들어온다. 털털거리는 버스는 20여 분 동안 높은 언덕을 올라간다. 부산의 호화로운 야경 이면에 옹색한 집들이 옹기종기 모여 있다.

언덕에 오르면 붉고 푸른색 지붕과 분홍, 노랑의 물탱크가 어색한 풍경을 빚어낸다. 마치 색을 만지는 장인이 오랜 세월 공들여 만들어 놓은 것 같다. 감천 문화마을의 골목길을 차례로 돌아본다는 계획은 아예 세우지 않는 편이 낫다. 미로처럼 얽히고설킨 골목을 받아들이는 가장 좋은 방법은 그저 헤매는 것이다. 사람 한 명 겨우 지나갈 수 있는 골목을 돌다 보면 다양한 풍경과 마주한다. 파스텔 색조 일색의 집들 사이로 부드러운 바닷바람이 춤을 추고, 동네 할머니들은 정육점 앞에 의자를 꺼내 앉아 담소를 나눈다. 문 앞을 서성이며 짖는 개들, 동네 아이들과 아이들보다 신나게 춤을 추는 빨래들. 감천동에 와 있노라면 어쩐지 이방인이 된 듯한 느낌이 든다. 그렇게 감천 문화마을은 비좁은 골목 사이로 삶을 형성한다.

분홍색과 녹색이 어울리는 골목 풍경

마을엔 다양한 문화공간이 있다. 카페와 커뮤니티센터인 감내 어울터, 마을 홍보소인 하늘마루와 기념품 판매소인 아트 숍 등이 있으며, 작은 박물관, 미술관 등 다양한 시설 또한 갖추고 있다. 감천 문화마을을 조금 더 계획적으로 둘러보고 싶은 이에겐 스탬프 투어를 권해 본다.

감천 문화마을은 햇빛이 풍부하다. 해 뜰 무렵부터 해 질 때까지 온종일 햇빛이 마을에 머문다. 멀고도 먼 부산의 산토리니로 떠나 보자. 골목길 사이로 펼쳐진 타인의 일상에서 우리의 삶을 엿보며 가지런히 쌓인 햇살을 만끽하자.

사실 부산은 그리 멀지 않다.

Editor Upgrade _그리스인 조르바, 니코스 카잔차키스

어느 것에도 얽매이지 않은 자유로운 영혼이 있다. 일과 술과 사랑에 자신을 던져 놓고 하느님과 악마를 두려워하지 않는 하나의 영혼이 있다. 그 영혼은 결코 무겁지 않다. 바스락거리는 종이 따위로 이루어지지 않았음에도 영혼은 가볍기만 하다. 그는 언어를 춤으로 승화시키고, 모든 여자에게 추파를 던진다. 술은 그의 낙이요, 산투르는 그의 호흡이다. 그가 걷는 길은, 비록 휘청일지라도 담대하다. 그 어떤 부질없는 삶보다 굳세고, 아름다우며 생이 가득하다. 그 영혼의 소유자는 바로 조르바이다. 《그리스인 조르바》는 현대 그리스 문학을 대표하는 작가 니코스 카잔차키스의 장편소설로 호쾌한 자유인 조르바가 펼치는 영혼의 투쟁을 풍부한 상상력으로 그리고 있다. '죽기 전에 에게해를 여행할 행운을 누리는 사람은 복이 있다'라는 조르바의 말을 음미하며, 부산의 산토리니를 자유롭게 놀아 보자.

헌책에 담아내는 새 마음, 보수동 책방골목

부산 국제시장 입구 건너편에서 보수동 쪽으로 좁은 골목길에는 책방들이 가득한데, 이곳을 보수동 책방골목이라고 부른다. 한국전쟁으로 부산이 임시 수도가 되었을 때 북에서 온 손정린 씨 부부가 미군 부대에서 나온 헌책으로 노점을 시작한 게 시초라고 한다. 당시 많은 피란민들이 국제시장에서 장사를 하며 고단한 삶을 이어가고 있었고, 부산에 있는 학교는 물론 피란 온 학교까지 보수동 뒷산에 천막 교실을 열어 수업을 하였다. 이에 보수동 골목길은 수많은 학생들의 통학로로 붐비게 되었다. 다른 피란민들일 가세해 노점과 임시 건물에 책방을 하나둘 열어 책방골목이 형성되었다고 한다.

보수동 책방골목은 국내에 얼마 남지 않은 헌책방 골목으로, 부산의 명물 거리로 꼽힌다. 1960~1970년대가 전성기였는데, 당시에는 70여 개의 책방이 있었다. 현재는 50여 개의 책방이 좁은 골목에서 오밀조밀 붙어 영업을 하고 있다. 책방골목에선 헌책을 40~70%까지 싸게 살 수 있다.

01 기분좋은 책 향기가 느껴지는 보수동 책방
02 책방골목 벽화거리 풍경

주소 부산광역시 중구 보수동 1가 151-1 **전화번호** 051-241-1713 **이용시간** 정기휴일 첫 번째·세 번째 일요일 **홈페이지** bosubook.com **찾아가는 길** 부산 지하철 1호선 부산역 승차 → 자갈치역 3번 출구 → 극장가 쪽으로 올라감 → 국제시장 지나 500m 직진

당신의 '일상'을 '이상'으로 바꾸는
아주 특별한 하루여행을 떠나 보자.

·
·
·

‘오늘 나의 하루는 안녕했니?’